高等学校新工科计算机类专业系列教材

Python 数据分析与应用

周元哲　　◎编著

U0379050

西安电子科技大学出版社

内 容 简 介

本书分为基础篇和应用篇，共 13 章。其中，基础篇包括 Python 编程概述、Python 编程基础、序列、流程控制、函数和模块等 5 章；应用篇包括 Python 网络爬虫、Python 与数据分析、NumPy、Matplotlib、Pandas、SciPy、Seaborn 和 Sklearn 8 章。

本书可作为高等院校本科层次 Python 程序设计课程的教材，也可供从事计算机应用开发的各类技术人员参考，亦可作为全国计算机等级考试、软件技术资格与水平考试的参考资料。

图书在版编目(CIP)数据

Python 数据分析与应用 / 周元哲编著. —西安：西安电子科技大学出版社，2023.7
ISBN 978–7–5606–6834–5

Ⅰ. ①P⋯　Ⅱ. ①周⋯　Ⅲ. ①软件工具—程序设计　Ⅳ. ①TP311.561

中国国家版本馆 CIP 数据核字(2023)第 058729 号

策　　划　明政珠
责任编辑　明政珠　孟秋黎
出版发行　西安电子科技大学出版社(西安市太白南路 2 号)
电　　话　(029)88202421　88201467　　　　　邮　　编　710071
网　　址　www.xduph.com　　　　　　　　电子邮箱　xdupfxb001@163.com
经　　销　新华书店
印刷单位　咸阳华盛印务有限责任公司
版　　次　2023 年 7 月第 1 版　　2023 年 7 月第 1 次印刷
开　　本　787 毫米 × 1092 毫米　1/16　印　张　15.5
字　　数　364 千字
印　　数　1～2000 册
定　　价　45.00 元
ISBN 978–7–5606–6834–5 / TP

XDUP　7136001–1

如有印装问题可调换

前 言
PREFACE

当今已处于人工智能、大数据时代，Python 作为主流通用开发语言，广泛应用于数据分析。本书从 Python 的基础语法入手，由浅入深地讲解 Python 基础算法，培养读者的一般性编程思维。

本书内容精练，文字简洁，结构合理，实训题目经典实用，综合性强，明确定位面向初、中级读者，由"入门"起步，侧重"提高"。

本书致力于培养学生掌握数据分析与应用的基本思想及方法，具有如下特点：

(1) 采用基于 Python 语言相关的科学分析库，如 NumPy、Pandas、SciPy 和 Matplotlib 等，便于学生更快地掌握数据分析的基本思想和原理。

(2) 实践是学习的最好方法，本书的所有程序都在 Anaconda 下进行了调试和运行。

(3) 本书配有源代码、教学课件、语料集、教学大纲、程序安装包等全套资料，可在西安电子科技大学出版社官方网站(https://www.xduph.com)下载使用。

在本书的编写过程中，西安邮电大学高巍然、刘海、宋辉等老师给出了许多建设性意见，西安电子科技大学出版社明政珠编辑审读了全部书稿，也提出了很多宝贵的意见，特此表示感谢。在编写过程中，编者参阅了一些中英文资料，在此向这些资料的作者一并表示敬意和衷心的感谢。

由于编者水平有限，时间紧迫，本书难免有疏漏之处，恳请广大读者批评指正。本书编者的电子信箱是 zhouyuanzhe@163.com。

编 者

2023 年 3 月

目录
CONTENTS

基 础 篇

应　用　篇

基础篇

JI CHU PIAN

第 1 章　Python 编程概述

本章首先介绍了 Python 的相关知识，包括 Python 的特点、应用领域等；然后讲解了 Python 解释器和当前较为流行 Python 编辑器的安装与配置；最后介绍了 Python 代码的书写规则。

1.1　Python 简介

1. Python 发展简述

1989 年圣诞节期间，Guido van Rossum 发明了 Python。Python 1.0 于 2000 年 10 月 16 日发布，它实现了垃圾回收并支持 Unicode。发布于 2008 年 12 月 3 日的 Python 3.0 被称为 Python 3000，或简称 Py3k。相对于 Python 的早期版本，Python 3.0 进行了较大的升级，但未考虑向下相容，因此导致早期 Python 版本设计的程序无法在 Python 3.0 上正常执行。2018 年 3 月，Python 核心团队宣布在 2020 年停止支持 Python 2.0，只支持 python 3.0。

如图 1.1 所示，著名评估机构 TIOBE 推出了 2020 年最新编程语言排行榜，Python 力压 C、Java 和 C++ 三大主力语言，成为新的语言霸主。

Oct 2021	Oct 2020	Change		Programming Language	Ratings	Change
1	3	^		Python	11.27%	-0.00%
2	1	v		C	11.16%	-5.79%
3	2	v		Java	10.46%	-2.11%
4	4			C++	7.50%	+0.57%
5	5			C#	5.26%	+1.10%
6	6			Visual Basic	5.24%	+1.27%
7	7			JavaScript	2.19%	+0.05%
8	10	^		SQL	2.17%	+0.61%
9	8	v		PHP	2.10%	+0.01%

图 1.1　2020 年最新编程语言排行榜

2. Python 的特点

Python 具有如下一些特点：

(1) 简单易学。Python 作为体现简单主义思想的语言，其语法简洁清晰，结构简单，易于快速掌握，编程者在学习过程中不必过多关注程序语言在形式上的诸多细节和规则，从而可以专注于程序本身的逻辑和算法。

(2) 免费开源。Python 是 FLOSS(自由/开放源码软件)之一，人们可以自由地发布这个软件的拷贝，阅读它的源代码，对其进行改动，并将其用于新的自由软件中。

(3) 解释型语言。用高级语言编写的源程序需要由"翻译程序"翻译成机器语言形式的目标程序，才能被计算机识别和执行。这种"翻译"通常有两种方式：一种是编译执行。另一种是解释执行。编译执行是指由编译器将源程序代码编译成可执行的机器码，一次性将高级语言源程序编译成二进制的可执行指令，通常执行效率较高。C、C++ 等属于编译语言。解释执行是指解释器把源代码转换成称为字节码的中间形式，由虚拟机负责运行。Python 作为解释型语言，与 Java 语言类似，不需要编译成二进制代码，具有跨平台、便于移植等特点。

(4) 面向对象。Python 是完全面向对象的语言，函数、模块、数字、字符串都是对象，并且完全支持继承、重载、派生、多重继承。Python 语言编写程序无须考虑硬件和内存等底层细节。

(5) 丰富的库。Python 被称为胶水语言，它能够轻松地与其他语言(特别是 C 或 C++)结合在一起，具有丰富的 API 和标准库，能完成多种功能。

3. Python 的应用领域

Python 具有大量的第三方开源工具包，在桌面应用、游戏和黑客 Web 开发、数据挖掘、大数据、移动 App 等各个方面都有应用，其应用领域如图 1.2 所示。

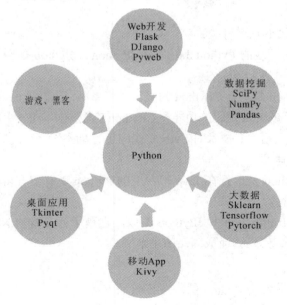

图 1.2　Python 的应用领域

(1) 桌面应用。Python 有 Tkinter、Pyqt、wxPython 等工具，可以快速开发出 GUI，并且不做任何改变就可以运行在 Windows、Xwindows、MacOS 等平台。

(2) Web 开发。Python 提供 Flask、DJango、Pyweb 等模块，能够快速地构建功能完善的高质量网站。

(3) 数据挖掘。随着 NumPy、SciPy、Pandas、Matplotlib 等众多程序库的开发，Python 越来越适用于科学计算、数据分析与模拟、数据可视化等。

(4) 大数据。Python 能提供众多的库，可应用于大数据、人工智能、机器学习、深度学习的开发，如 Sklearn、Tensorflow、Pytorch、NITK 等。

1.2　Python 解释器

1. 解释器的构成及执行步骤

Python 解释器用于将 Python 语言翻译成 CPU 能识别的机器指令语言。Python 解释器由编译器和虚拟机构成，编译器负责将源代码转换成字节码文件，再通过虚拟机逐行解释字节码执行。

Python 解释器的执行步骤如下：

步骤 1　运行 python XX.py 文件，启动 Python 解释器。

步骤 2　编译器将源文件编译成 PyCodeObject 字节码对象，存放在内存中。

步骤 3　虚拟机将字节码对象转化为机器语言，与操作系统交互，在硬件上运行。

步骤 4　运行结束后，解释器将 PyCodeObject 写成 pyc 文件。当 Python 程序第二次运行时，首先寻找 pyc 文件并载入运行，否则重复上面的过程。

2. 解释器的种类

Python 解释器有如下几个种类：

(1) CPython。官网下载的 Python 3.0 均为 CPython。CPython 是用 C 语言开发的，用>>>作为提示符。

(2) IPython。IPython 是基于 CPython 的交互式解释器。也就是说，IPython 只是在交互方式上有所增强，而执行 Python 代码的功能和 CPython 完全一样，它采用 In[序号]:作为提示符。

(3) PyPy。PyPy 采用 JIT 技术对 Python 代码进行动态编译(注意不是解释)，显著提高了 Python 代码的执行速度。

(4) JPython。JPython 是运行在 Java 平台上的 Python 解释器，可以直接把 Python 代码编译成 Java 字节码执行。

(5) IronPython。IronPython 和 JPython 类似，它是运行在微软.Net 平台上的 Python 解释器，可直接将 Python 代码编译成.Net 的字节码。

3. 解释器的安装

在 Windows 系统下安装 Python 的一般步骤如下：

步骤 1　下载 Python 安装包进行安装。在浏览器中输入"http://www.python.org"，如图

1.3 所示，读者可以根据需要自己选择 Python 版本进行安装，本书采用 Python 3.6.0 版本。

图 1.3　下载 Python 3.6.0

步骤 2　在 Windows 环境变量中添加 Python，将 Python 的安装目录添加到 Windows 下的 PATH 变量中，如图 1.4 所示。

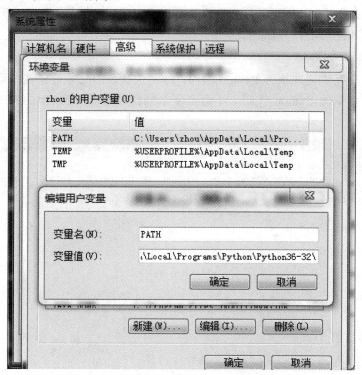

图 1.4　设置环境变量

步骤 3　测试 Python 安装是否成功。在 Winodws 下使用"cmd"命令打开命令行，输入 Python 命令，图 1.5 表示安装成功。

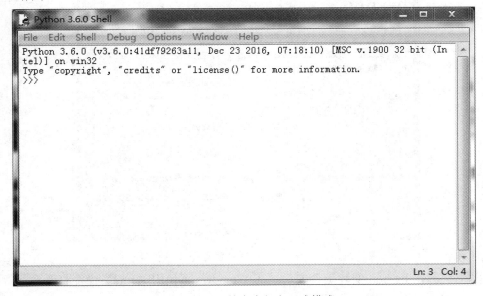

图 1.5　Python 安装成功

1.3　Python 编辑器

Python 编辑器众多，有 IDLE、PyCharm、Anaconda、Jupyter 等。下面依次进行介绍。

1. IDLE

IDLE 作为 Python 安装后内置的集成开发工具，包括能够利用颜色突出显示语法的编辑器、调试工具、Python Shell 以及完整的 Python 3.0 在线文档集。Python 的 IDLE 具有命令行交互式模式和图形用户界面模式。

1) 命令行交互式模式

采用命令行交互式模式执行 Python 语句，方便快捷，但必须逐条输入语句，不能重复执行，适合测试少量的 Python 代码，不适合复杂的程序设计。IDLE 的命令行交互式模式如图 1.6 所示。

图 1.6　IDLE 的命令行交互式模式

2) 图形用户界面模式

图形用户界面模式如图 1.7 所示，运行.py 文件，可重复测试执行。

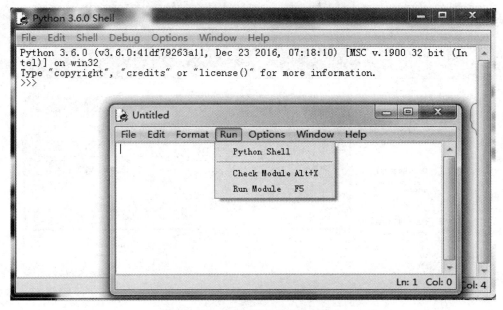

图 1.7　IDLE 的图形用户界面模式

2. PyCharm

PyCharm 具有一整套可以帮助用户在使用 Python 语言开发时提高其效率的工具，比如调试、语法高亮、Project 管理、代码跳转、智能提示、自动完成、单元测试、版本控制等。此外，PyCharm 提供了一些高级功能，用于支持 DJango 框架下的专业 Web 开发。下载PyCharm 安装包，双击该安装包即可进行安装，如图 1.8 所示。

图 1.8　安装 PyCharm 步骤

安装结束，运行 PyCharm，点击"Create New Project"，输入项目名、路径，如图 1.9 所示，如果没有出现 Python 解释器，则手动选择 Python 解释器。

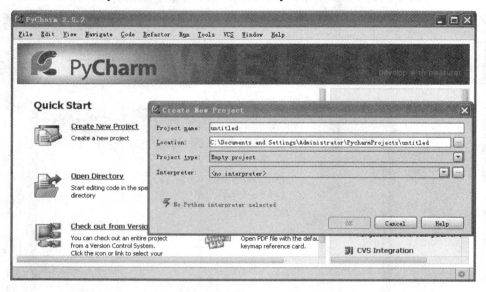

图 1.9　选择 Python 解释器

启动 PyCharm，创建 Python 文件，如图 1.10 所示。

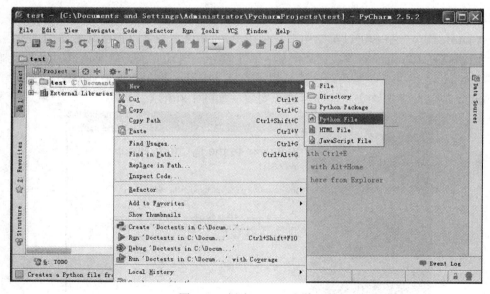

图 1.10　创建 Python 文件

3. Anaconda

Anaconda 是一个开源的 Python 发行版本，其中包含了 Conda、Python 等 180 多个科学包及其依赖项，在数据可视化、机器学习、深度学习等多方面都有涉及，本书重点介绍 Anaconda，所有程序均在 Anaconda 下调试与运行。Anaconda 提供的主要功能如下：

（1）提供包管理。使用 Conda 和 pip 安装、更新、卸载第三方工具包，简单方便，不需要考虑版本等问题。

(2) 关注数据科学相关的工具包。Anaconda 集成了如 NumPy、SciPy、Pandas 等数据分析的各类第三方包。

(3) 提供虚拟环境管理。在 Conda 中可以建立多个虚拟环境，为不同的 Python 版本项目建立不同的运行环境，从而解决了 Python 多版本并存的问题。

Anaconda 的安装步骤如下：

步骤 1　登录 Anaconda 的官方网站(官网地址为"https://www.anaconda.com/download/")，如图 1.11 所示。

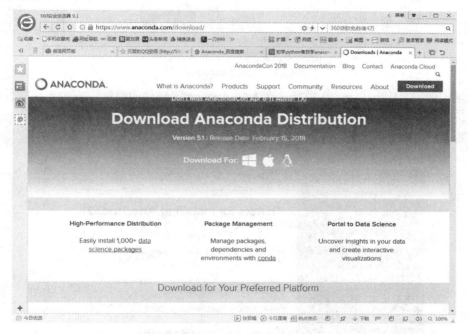

图 1.11　Anaconda 的官方网站

步骤 2　根据电脑的操作系统选择对应 Python 版本，如图 1.12 所示。

图 1.12　选择 Python 3.6

步骤 3　下载 Python 3.6 version，如图 1.13 所示。下载 Anaconda3-5.1.0-Windows-x86_64.exe，文件大约 500 MB。

图 1.13　下载 Anaconda 文件

注意：如果是 Windows 10 系统，在安装 Anaconda 软件的时候，右击安装软件，选择以管理员的身份运行。

步骤 4　选择安装路径，例如 C：\anaconda3，单击"下一步"按钮，完成安装，如图 1.14 所示。

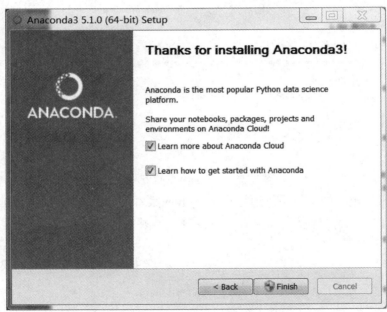

图 1.14　安装完成界面

如图 1.15 所示，Anaconda 包含如下应用：

(1) Anaconda Navigator：用于管理工具包和环境的图形用户界面，后续涉及的众多管理命令也可以在 Navigator 中手动实现。

(2) Anaconda Prompt：Python 的交互式运行环境。

(3) Jupyter Notebook：基于 Web 的交互式计算环境，可以编辑易于人们阅读的文档，用于展示数据分析的过程。

（4）Spyder：一个使用 Python 语言、跨平台的科学运算集成开发环境。相对于 PyDev、PyCharm、PTVS 等 Python 编辑器，Spyder 对内存的需求要小很多。

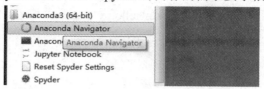

图 1.15　Anaconda 包含的应用

下面进行 Anaconda 的环境变量配置。在 Anaconda Prompt 下出现类似于 cmd 的窗口中输入"conda --version"，运行效果如图 1.16 所示。

```
(base) C:\Users\Administrator>conda --version
conda 4.4.10
```

图 1.16　Anaconda 版本

在 Anaconda Prompt 下，使用"conda list"查看环境中默认安装的几个包，如图 1.17 所示。

```
(base) C:\Users\Administrator>conda list
# packages in environment at C:\ProgramData\Anaconda3:
#
# Name                        Version              Build          Channel
_ipyw_jlab_nb_ext_conf        0.1.0                py36he6757f0_0
alabaster                     0.7.10               py36hcd07829_0
anaconda                      5.1.0                py36_2
anaconda-client               1.6.9                py36_0
anaconda-navigator            1.7.0                py36_0
anaconda-project              0.8.2                py36hfad2e28_0
asn1crypto                    0.24.0               py36_0
astroid                       1.6.1                py36_0
astropy                       2.0.3                py36hfa6e2cd_0
attrs                         17.4.0               py36_0
babel                         2.5.3                py36_0
backports                     1.0                  py36h81696a8_1
backports.shutil_get_terminal_size 1.0.0                    py36h79ab834_2
beautifulsoup4                4.6.0                py36hd4cc5e8_1
bitarray                      0.8.1                py36hfa6e2cd_1
bkcharts                      0.2                  py36h7e685f7_0
blaze                         0.11.3               py36h8a29ca5_0
bleach                        2.1.2                py36_0
```

图 1.17　查看环境的默认包

在 Anaconda 下，Python 的编辑和执行有交互式编程、脚本式编程和使用 Spyder 共 3 种运行方式。

方式 1　交互式编程。交互式编程是指在编辑完一行代码，按回车键后会立即执行并显示运行结果。在 test_py3 环境输入 Python 命令并按回车键后，出现">>>"，进入交互式编程模式，如图 1.18 所示。

```
(test_py3) C:\Users\Administrator>python
Python 3.6.5 |Anaconda, Inc.| (default, Mar 29 2018, 13:32:41) [MSC v.1900 64 bi
t (AMD64)] on win32
Type "help", "copyright", "credits" or "license" for more information.
>>>
```

图 1.18　进入交互式编程模式

方式2　脚本式编程。Python 和其他脚本语言如 Java、R、Perl 等编程语言一样，可以直接在命令行里运行脚本程序。首先，在 D:\目录下创建 Hello.py 文件，内容如图 1.19 所示。其次，进入 test_py3 环境后，输入 "python d:\Hello.py" 命令。其运行结果如图 1.20 所示。

图 1.19　Hello.py 文件内容

```
(base) C:\Users\Administrator>python d:\Hello.py
Hello world!
Hello Again
```

图 1.20　运行 d:\Hello.py 文件

方式 3　使用 Spyder。点击 Anaconda 应用中的最后一个项目——Spyder。Spyder 是 Python 的集成开发环境，如图 1.21 所示。

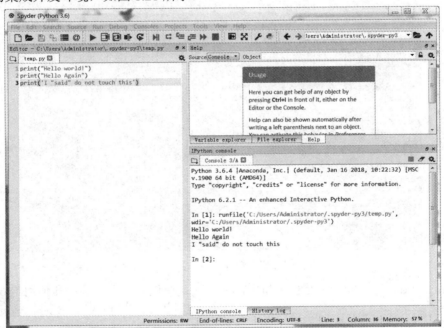

图 1.21　Spyder 编辑器

4. Jupyter

Jupyter 即 Jupyter Notebook，是 Python 的在线编辑器，以网页的形式打开，适合进行科学计算。在 Jupyter 的编辑过程中，运行结果实时显示在代码下方，方便查看。Jupyter Notebook 也可以将代码和可视化的结果等所有信息保存到文件中。

在 Anaconda 中打开 Jupyter Notebook，如图 1.22 所示。

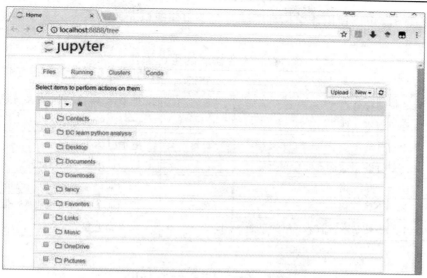

图 1.22　Jupyter Notebook 主界面

　　Jupyter 有编辑模式(Edit Mode)和命令模式(Command Mode)。编辑模式用于修改单个单元格，命令模式用于操作整个笔记本，如下所述。

　　(1) 编辑模式。编辑模式如图 1.23 所示，其右上角出现一支铅笔的图标，单元左侧边框线呈现绿色。按 Esc 键或运行单元格(Ctrl + Enter)即可切换回命令模式。

图 1.23　编辑模式

　　(2) 命令模式。命令模式如图 1.24 所示，无铅笔图标，单元左侧边框线呈现蓝色。按 Enter 键或者双击"Cell"变为编辑状态。提示：注意统一标红内容的表述。

图 1.24　命令模式

编辑模式和命令模式的切换如表 1.1 所示。

表 1.1　切换笔记本模式的可选操作

模　式	按　键	鼠标操作
编辑模式	Enter 键	在单元格内单击
命令模式	Esc 键	在单元格外单击

编辑模式下，可以使用非常标准的编辑命令来修改单元格的内容。命令模式的操作如表 1.2 所示。

表 1.2　命令模式的可选操作

按键	功　　能	按键	功　　能
h	显示快捷键列表	v	把单元格粘贴到当前单元格的上面
s	保存笔记本文件	d，两次	删除当前单元格
a	在当前行的上面插入一个单元格	z	取消一次删除操作
B	在当前行的下面插入一个单元格	l	切换显示/不显示行号
X	剪切一个单元格	y	把当前单元格切换到 IPython 模式
C	复制一个单元格	m	把当前单元格切换到 Markdown 模式
V	把单元格粘贴到当前单元格的下面	1，2，…，6	设置当前单元格为相应标题大小

1.4　代码书写规则

1. 缩进

由于程序设计风格强调"清晰第一，效率第二"，因此应注意代码书写格式。如果所有代码语句都从最左一列开始，则很难清楚地表明语句之间的逻辑因果关系。如果对条件判断、循环等语句按一定规则进行缩进，使其有层次性，那么将大为改善代码的可读性。不同的程序设计语言对于缩进要求不一样，C 语言对于缩进是"有了更好"，而不是"没有不行"。Python 语言对缩进有语法要求。C 语言与 Python 语言缩进对比如图 1.25 所示。

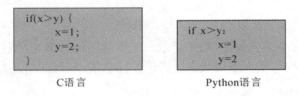

C语言　　　　　　　　　　　　　Python语言

图 1.25　C 语言与 Python 语言缩进对比

【例 1-1】　缩进空格数不一致示例。

本例的程序代码如下：

```
if True:
    print("Answer")
    print("True")
else:
    print("Answer")
  print("False")              # 缩进不一致，会导致运行错误
```

2. 多行语句

物理行是代码书写的表现形式。逻辑行是代码解释后的语句。Python 语言代码的书写

规则如下：

(1) 每个语句以换行结束。

(2) 当物理行包含多个逻辑行时，可使用分号隔开，如下所示：

Principal = 1000; rate = 0.05; numyears = 5;

(3) 若多个物理行写成一个逻辑行，则用反斜线作为续行符。

(4) 在[ ]、{ }或()中的多行语句，不需要使用反斜杠(\)，例如：

days = ['Monday', 'Tuesday', 'Wednesday', 'Thursday', 'Friday']

3. 编码习惯

下面列出一些良好的编程习惯，方便程序的编辑和调试。

(1) 复杂的表达式使用"括号"优先级处理，避免二义性。

(2) 单个函数的程序行数最好不要超过 100 行。

(3) 尽量使用标准库函数和公共函数。

(4) 不要随意定义全局变量，尽量使用局部变量。

(5) 保持注释与代码完全一致。

(6) 变量命名应"见名思义"。

(7) 循环、分支层次最好不要超过 5 层。

(8) 在编写程序前，尽可能简化表达式。

(9) 仔细检查算法中嵌套的循环，尽可能将某些语句或表达式移到循环外面。

(10) 尽量避免使用多维数组。

(11) 避免混淆数据类型。

(12) 尽量采用算术表达式和布尔表达式。

(13) 保持控制流的局部性和直线性。控制流的局部性是为了提高程序的清晰度和易修改性，防止错误的扩散。控制流的直线性主要体现在如下两个方面：

① 对多入口和多出口的控制结构要作适当的处理；

② 避免使用意义模糊或意义费解的结构。

(14) 注释。注释帮助读者去思考代码的含义，便于程序的维护和调试。一般情况下，源程序中有效注释量占总代码的 20%以上。程序的注释分为序言性注释和功能性注释。

① 序言性注释：位于每个模块开始处，简要描述模块功能、主要算法、开发者信息。

② 功能性注释：插在代码中间，针对必要变量及核心代码进行解释。

课 后 习 题

1. 简述 Python 的功能和特点。

2. 练习 Python 编辑器的安装。

3. 如何理解 Python 代码书写的缩进？

第 2 章　Python 编程基础

本章主要介绍 Python 语言基础知识，包括 Python 对象、数据类型、各类运算符及表达式的相关知识。

2.1　Python 对象

1. 对象三要素

Python 中的一切变量都是对象。给一个对象赋值，就需要在内存中开辟新的空间，并将地址赋给变量，这个过程称为引用。Python 对象有编号(内存地址)、类型和值三要素。创建一个 Python 对象，其编号就不会改变，通过内置函数 id 可以返回 Python 对象的身份标识。

【例 2-1】 Python 对象引用示例。

本例的程序代码如下：

```
>>> a = 2
>>> a
2
>>> type(a)
<class 'int'>
>>> id(a)
1534108800
```

2. 对象命名

标识符用来标识程序的各种成分，如变量、常量、函数等对象，命名必须遵循以下规则。

(1) 变量名可以由字母、数字和下画线组成。

(2) 变量名的第一个字符必须是字母或者下画线 "_"，不能以数字开头。

(3) 不要使用容易混淆的字符，例如数字 0 和字母 o，数据 1 和字母 l 等。

(4) 变量名不能和关键字同名。

在 Anaconda Prompt 下，输入 "import keyword" 查看 Python 的关键字，代码如下：

```
>>> import keyword
>>> keyword.kwlist
['False', 'None', 'True', 'and', 'as', 'assert', 'break', 'class', 'continue', 'def', 'del', 'elif', 'else', 'except', 'finally', 'for',
'from', 'global', 'if', 'import', 'in', 'is', 'lambda', 'nonlocal', 'not', 'or', 'pass', 'raise', 'return', 'try', 'while', 'with', 'yield']
```

(5) 变量名区分大小写，myname 和 myName 不是同一个变量。

(6) 以双下画线开头的标识符有特殊意义，是 Python 采用特殊方法的专用标识，如 _init_ ()代表类的构造函数。

(7) Python 中，单独的下画线(_)用于表示上一次运算的结果。其代码如下：

```
>>>20
20
>>>_*10
200
```

下面的变量命名不符合变量命名规则，导致语法错误。

```
>>> 3a
SyntaxError: invalid syntax
>>> a%2
Traceback (most recent call last):
    File "<pyshell#23>", line 1, in <module>
        a%2
NameError: name 'a' is not defined
>>> a b
SyntaxError: invalid syntax
>>> break
SyntaxError: 'break' outside loop
```

2.2　数　据　类　型

不同的数据，如数值、文本、图形、音频、视频、网页等，在计算机中被定义为不同的数据类型，便于进行相同的编码和操作等。例如，人的年龄为 25，用整数来表示；成绩 78.5，用浮点数来表示；人的姓名如"周元哲"，用字符串来表示等。

常见的数据的类型包括整型、实数、复数类型、布尔类型等。

1. 整型

整型包括十进制整数、十六进制整数、八进制整数和二进制整数。

(1) 十进制整数，如 0、−1、9、123。

(2) 十六进制整数，以 0x 开头，如 0x10、0xfa、0xabcdef。

(3) 八进制整数，以 0o 开头，如 0o35、0o11。

(4) 二进制整数，以 0b 开头，如 0b101、0b100。

【例 2-2】　整型数据示例。

本例的程序代码如下：

```
>>> 0xff
255
>>> 2017
```

```
2017
>>> 0b10011001
153
>>> 0b012
SyntaxError: invalid syntax
>>>-0o11
-9
```

2. 实数

实数又称浮点数，用于表示小数。浮点数是指当用科学记数法表示一个数时，其小数点的位置可以浮动变化。比如，52.3E4 中的 E 表示 10 的幂，52.3E4 表示 52.3*10 ^ 4。52.3E4 和 5.23E5 表示同一数字，但是小数点位置不同。

【例 2-3】 浮点数示例。

本例的程序代码如下：

```
>>> 1234567890012345.0
1234567890012345.0
>>> 12345678900123456789.0
1.2345678900123458e+19
>>> 15e2
1500.0
>>> 15e2.3
SyntaxError: invalid syntax
```

注意：e (或 E)前面必须有数字，后面必须是整数。

3. 复数类型

复数类型表示由实部和虚部构成的复数，例如：1 + 2j，1.1 + 2.2j。

【例 2-4】 复数示例。

本例的程序代码如下：

```
>>> x=3+5j            # x 为复数
>>> x.real            # 查看复数实部
3.0
>>> x.imag            # 查看复数虚部
5.0
>>> y =6-10j          # y 为复数
>>> x+y               # 复数相加
 (9-5j)
```

4. 布尔类型

布尔类型有两个值：True 和 False，分别表示逻辑真和逻辑假。

【例 2-5】 布尔类型数据示例。

本例的程序代码如下：

```
>>> type(True)
<class 'bool'>
>>> True == 1
True
>>> False == 0
True
```

布尔类型与其他数据类型进行逻辑运算时，Python 规定：0、空字符串、None 为 False，其他数值和非空字符串为 True。

2.3　运　算　符

Python 运算符按照功能分为算术运算符、关系运算符、赋值运算符、逻辑运算符、位运算符、成员运算符和身份运算符等，如表 2.1 所示。

表 2.1　Python 运算符

运　算　符	描　　　述
算术运算符	+、−、*、/、**、//、%
关系运算符	>、<、>=、<=、==、!=
赋值运算符	=、复合赋值运算符
逻辑运算符	and、or、not
位运算符	<<、>>、~、|、^、&
成员运算符	in、not in
身份运算符	is、is not

1. 算术运算符

算术运算符如表 2.2 所示。

表 2.2　算术运算符

运　算　符	描　　　述
+	两个对象相加
-	得到负数或是一个数减去另一个数
*	两个数相乘或是返回一个被重复若干次的字符串
/	除法
//	取整除，用于得到商的整数部分
%	取模运算，返回除法的余数

【例 2-6】 Python 算术运算符举例。

本例的程序代码如下：

```
>>> 10/3
3.3333333333333335
```

```
>>> 10//3
3
>>> 10%3
1
>>> 10+3
13
>>> 'a'+'b'
'ab'
>>> a+b
Traceback (most recent call last):
    File "<pyshell#2>", line 1, in <module>
        a+b
NameError: name 'a' is not defined
```

2. 关系运算符

关系运算符又称比较运算符，用于比较两个操作数的大小，结果是布尔值，即 True(真) 或 False(假)。操作数可以是数值型或字符型。表 2.3 列出了 Python 中的关系运算符。

表 2.3　关 系 运 算 符

运 算 符	描　　　述
==	等于
>	大于
>=	大于或等于
<	小于
<=	小于或等于
! =	不等于

在用关系运算符进行比较时，需注意的是：若两个操作数是数字，则按大小进行比较；Python 的 "==" 是等于号，"!=" 是不等于号。

【例 2-7】　Python 关系运算符示例。

本例的程序代码如下：

```
>>> 3<5
True
>>> 3 == 5
False
>>> 3 = 5
SyntaxError: can't assign to literal
>>> 3 != 5
True
```

两个操作数是字符型，按字符的 ASCII 码值从左到右逐一进行比较，首先比较两个字符串中的第一个位置字符，ASCII 码值大的字符串值为大；如果第一个字符相同，比较第二个字符，以此类推，直到出现不同的字符时为止。

【例 2-8】 Python 关系运算符示例。

本例的程序代码如下：

```
>>> 'ab' == 'abc'
False
>>> 'ab' <= 'abc'
True
>>> '23' < '3'
True
```

3. 赋值运算符

赋值运算符如表 2.4 所示。

表 2.4　复合赋值运算符

运　算　符	描　　述	实　　例
=	简单赋值运算符	—
+=	加法赋值运算符	c += a 等效于 c = c + a
-=	减法赋值运算符	c -= a 等效于 c = c - a
*=	乘法赋值运算符	c *= a 等效于 c = c * a
/=	除法赋值运算符	c /= a 等效于 c = c / a
%=	取模赋值运算符	c %= a 等效于 c = c % a
**=	幂赋值运算符	c **= a 等效于 c = c ** a
//=	取整除赋值运算符	c //= a 等效于 c = c // a

【例 2-9】 Python 赋值运算符示例。

本例的程序代码如下：

```
>>> a = b = 2
>>> a
2
>>> b
2
>>> a, b = 2, 3
>>> a
2
>>> b
3
>>> a = 2
>>> b = 3
>>> a, b = b, a          # 交换
```

```
>>> a
3
>>> b
2
```

4. 逻辑运算符

逻辑运算符如表 2.5 所示。Not 是单目运算符，其余都是双目运算符，运算结果是布尔值。

表 2.5　逻 辑 运 算 符

运 算 符	含 义	描　　述
Not	取反	当操作数为假时，结果为真；当操作数为真时，结果为假
And	与	当两个操作数均为真时，结果才为真；否则为假
Or	或	当两个操作数至少有一个为真时，结果为真；否则为假

【例 2-10】　Python 逻辑运算符示例。

本例的程序代码如下：

```
>>> not F
Traceback (most recent call last):
    File "<pyshell#13>", line 1, in <module>
        not F
NameError: name 'F' is not defined
>>> not False
True
>>> True and True
True
>>> True or False
True
```

注意：False 不能简写成 F 或 false 等。

逻辑运算符中的短路运算，如下所示：

(1) 对于"与"运算(a and b)。

如果 a 为真，则继续计算 b，b 将决定最终整个表达式的真值，结果为 b 的值，如下所示：

```
>>> True and 0
0
```

如果 a 为假，则无须计算 b，即可得整个表达式的真值为假，结果为 a 的值，如下所示：

```
>>> False and 12
False
```

(2) 对于"或"运算(a or b)。

如果 a 为真，则无须计算 b，即可得整个表达式的真值为真，结果为 a 的值，如下所示：

```
>>> True or 0
True
```

如果 a 为假，则继续计算 b，b 将决定整个表达式最终的值，结果为 b 的值，如下所示：

```
>>> False or 12
12
```

5. 位运算符

按位运算即把数字转换为二进制数字进行运算。Python 中的按位运算符有左移运算符（<<）、右移运算符（>>）、按位与（&）、按位或（|）、按位异或（^）、按位翻转（~）。位运算符如表 2.6 所示。

表 2.6　位 运 算 符

运 算 符	名 称	描 述
<<	左移	把一个数的二进制数字向左移一定数目
>>	右移	把一个数的二进制数字向右移一定数目
&	按位与	数的按位与
|	按位或	数的按位或
^	按位异或	数的按位异或
~	按位翻转	x 的按位翻转是 −(x+1)

【例 2-11】　Python 位运算符示例。

本例的程序代码如下：

```
>>> 2<<2
8
>>> 2>>1
1
>>> 2|1
3
>>> 2^1
3
>>> ~2
-3
```

6. 成员运算符

成员运算符主要用于字符串、列表或元组等序列数据类型，如表 2.7 所示。

表 2.7　成 员 运 算 符

运算符	描 述	实 例
in	如果在指定的序列中找到值，则返回 True；否则返回 False	x 在 y 序列中，如果 x 在 y 序列中，则返回 True
not in	如果在指定的序列中没有找到值，则返回 True；否则返回 False	x 不在 y 序列中，如果 x 不在 y 序列中，则返回 True

【例 2-12】　Python 成员运算符示例。

本例的程序代码如下：

```
>>> 'ac' in 'abcd'
  False
>>> 'a' not in 'bcd'
  True
>>> 2 not in [1, 2, 3, 4]
  False
```

7. 身份运算符

身份运算符又名同一运算符，用于比较两个对象的编号是否相同，如表 2.8 所示。

表 2.8　身份运算符

运　算　符	描　　述
is	判断两个标识符是不是引用自同一个对象
is not	判断两个标识符是不是引用自不同对象

【例 2-13】　Python 身份运算符示例。

本例的程序代码如下：

```
>>> a = 2
>>> a
2
>>> b = a
>>> b
2
>>> b is a
True
>>> id(a)
1534108800
>>> id(b)
1534108800
>>> a == b
True
```

2.4　表　达　式

1. 表达式组成规则

表达式由数字、运算符和变量等组成，分为运算符号(操作符)和参与运算的数(操作数)两部分。例如，"2 + 3" 是一个表达式，"+" 是运算符号，2 和 3 是操作数。Python 表达式主要涉及如下两个问题：

(1) 如何用 Python 表达式表示自然语言；

(2) 如何将数学表达式转换为 Python 表达式。

数学表达式转换为 Python 表达式，如表 2.9 所示。

表 2.9　数学表达式转换为 Python 表达式

数学表达式	Python 表达式
$\dfrac{abcd}{efg}$	a*b*c*d/e/f/g 或 a*b*c*d/(e*f*g)
$\sin 45° + \dfrac{e^{10} + \ln 10}{\sqrt{x}}$	math.sin(45*3.14/180) + (math.exp(10) + math.log(10))/math.sqrt(x)
$\left[(3x+y)-z\right]^{1/2}/(xy)^4$	math.sqrt((3*x+y)-z)/(x*y)^4

数学表达式转化为 Python 表达式应注意如下区别：

(1) 乘号不能省略。例如 x 乘以 y 写成 Python 表达式为 x*y。

(2) 括号必须成对出现，均使用圆括号，出现多个圆括号时，从内向外逐层配对。

(3) 运算符不能相邻。例 a+ -b 是错误的。

简单地说，将数学表达式转换为 Python 表达式有以下两种方法：

(1) 添加必要的运算符号，如乘号、除号等。

(2) 添加必要的函数，例如数学表达式 $\sqrt{25}$ 转换为 Python 表达式为 sqrt(25)等。

2. 表达式计算

Python 表达式计算根据运算符的优先次序逐一进行计算，Python 运算符的优先级如表 2.10 所示。

表 2.10　Python 运算符的优先级别

优 先 级	运 算 符	描 述
高 ↑ 低	**	指数
	~、+、-	按位取反、正号、负号
	*、/、%、//	乘、除、取模和取整除
	+、-	加法、减法
	>>、<<	右移、左移运算符
	&	按位与
	^、|	按位异或、按位或
	<=、<、>、>=	比较运算符
	<>、==、!=	等于运算符
	=、%=、/=、//=、-=、+=、*=、**=	赋值运算符
	is、is not	身份运算符
	in、not in	成员运算符
	not、or、and	逻辑运算符

【例 2-14】　计算 5/4*6//5%2。

解析　表达式 5/4*6//5%2 中的乘法和除法运算的优先级最高且属同一级运算，因此，先计算 5/4，结果为 1.25，此时表达式简化为 1.25*6//5%2；接着计算 1.25*6，结果是 7.5，此时表达式简化为 7.5//5%2；系统自动先将 7.5 进行四舍五入取整，然后再运算，7.5//5 = 8//5 = 1，最后整个表达式简化为 1%2，其运算结果为 1。

注意：

(1) Python 可以同时为多个变量赋值，如 a，b = 1，2。

(2) 一个变量可以通过赋值指向不同类型的对象。

(3) 数值的除法(/)总是返回一个浮点数，要获取整数需使用操作符(//)。

(4) 在混合计算时，Python 会把整型转换成为浮点数。

(5) 对于字母，必须加上单引号，否则给出错误提示。

2.5　Python 转义字符

在一些字母前面添加转义字符可使其具有特殊的功能而不再具有本来的 ASCII 字符含义，Python 转义字符如表 2.11 所示。

表 2.11　Python 转义字符

转义字符	描　　述	转义字符	描　　述
\ (在行尾时)	续行符	\n	换行
\\	反斜杠符号	\v	纵向制表符
\'	单引号	\t	横向制表符
\"	双引号	\r	回车
\a	响铃	\f	换页
\b	退格(Backspace)	\oyy	八进制数，yy 代表字符，例如：\o12 代表换行
\e	转义	\xyy	十六进制数，yy 代表字符，例如：\x0a 代表换行
\000	空	\other	其他的字符以普通格式输出

【例 2-15】 Python 转义字符示例。

本例的程序代码如下：

```
>>> a = 1
>>> b = 2
>>> c = '\101'
>>> print("\t%d\n%d%s\n%d%d\t%s"%(a, b, c, a, b, c))
    1
2A
12    A
```

解析　　"\t" 表示光标移到下一个制表位置，输出变量 a 的值 1；"\n" 表示回车换行，光标移到下行首列的位置,连续输出变量 b 和 c 的值 2 和 A,其中使用了转义字符常量 '\101' 给变量 c 赋值;"\n"表示输出变量 a 的值 1 和 b 的值 2;"\t"表示光标移到下一个制表位,输出变量 c 的值 A。

课 后 习 题

一、选择题

1. 表达式 5/4*6%5//2 的运算结果是( )。

    A. 1.0　　　　　　　B. 10　　　　　　　C. True　　　　　D. 5

2. 下列表达式中，值不是 1 的是( )。

    A. 4//3　　　　　　B. 15%2　　　　　　C. 1^0　　　　　　D. ~1

3. 与关系表达式 x == 0 等价的表达式是( )。

    A. x=0　　　　　　B. not x　　　　　　C. x　　　　　　　D. x!=1

4. X、Y、Z 表示三角形的三条边，三角形定义的布尔表达式是( )。

    A. X+Y >Z And X+Z > Y And Y+Z > X　　　B. X+Y > Z or X+Z > Y or　Y+Z > X

    C. X+Y > Z　　　　　　　　　　　　　　　D. X+Y > Z or X+Z > Y

5. 从编译和解释角度来看，Python 是一种编译性语言( )。

    A. 正确　　　　　　B. 错误

6. Python 在定义数据变量时无须声明数据类型( )。

    A. 正确　　　　　　B. 错误

7. 下面所列举的 Python 标识符正确的是( )。

    A. UserID　　　　　B. 4 word　　　　　C. try　　　　　　D. $money

8. 给定 x = 5，y = 3，z = 8，表达式 x < y or z > x 的结果是( )。

    A. True　　　　　　B. False　　　　　　C. 8　　　　　　　D. 5

9. Python 语句 print(type(1/2))的输出结果是( )。

    A . <class'int' >　　　　　　　　　　　　B. <class'number' >

    C. <class'float' >　　　　　　　　　　　D. <class'str' >

10. 以下哪个运算符的优先级最高( )。

    A. * *　　　　　　　B. +　　　　　　　　C. and　　　　　　D. <

二、计算题

1. 6%3 + 3//5*2。

2. int(1234.5678*10 + 0.5)%100。

3. 3 + 4 > 5and5 == 6or"23" > "3"。

4. 7%3 + 6*4 − 4/5。

5. 254//100%10。

第 3 章　序　　列

　　序列是程序设计中经常使用的数据存储方式，包括列表、元组和字符串，具有顺序编号的特征。本章重点介绍了列表、元组、字符串的功能和基本操作方法，还介绍了字典和集合两种数据类型的基本操作和功能。

3.1　列　　表

　　列表是 Python 中使用最频繁的数据类型，它通过逗号将元素分割并放在一对中括号中，数据元素具有混合类型，下标从零开始，如下所示：

```
[10, 20, 30, 40]               # 所有元素都是整型数据的列表

['frog', 'cat', 'dog']         # 所有元素都是字符串的列表

['apple', 2.0, 5, [10, 20], True]  # 列表中包含字符串、浮点类型、整型、列表类型、布尔类型
```

Python 创建列表时，解释器在内存中生成类似数组的数据结构，如图 3.1 所示。

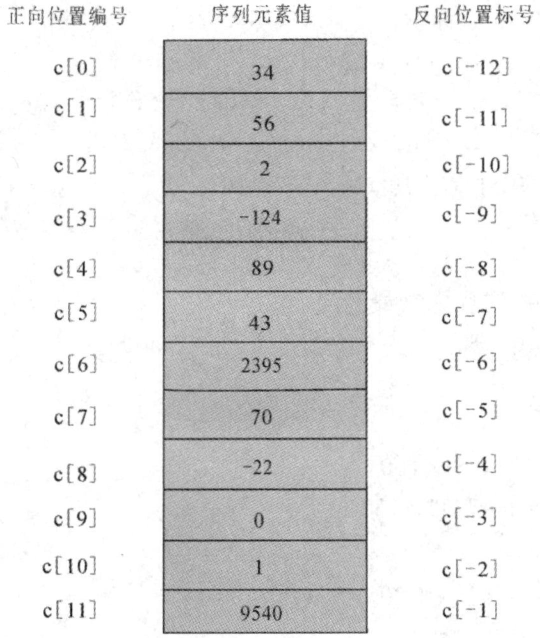

正向位置编号	序列元素值	反向位置标号
c[0]	34	c[-12]
c[1]	56	c[-11]
c[2]	2	c[-10]
c[3]	-124	c[-9]
c[4]	89	c[-8]
c[5]	43	c[-7]
c[6]	2395	c[-6]
c[7]	70	c[-5]
c[8]	-22	c[-4]
c[9]	0	c[-3]
c[10]	1	c[-2]
c[11]	9540	c[-1]

图 3.1　列表存储方式

3.1.1　基本操作

1. 创建列表

使用赋值运算符"="将一个列表赋值给变量，其程序代码如下：

```
>>> a_list = ['a', 'b', 'c']
>>>b_list = ['wade', 3.0, 81, [ 'bosh', 'haslem']]
>>>c_list = [1, 2, (3.0,'hello world!')]
>>>d_list = []
```

2. 读取列表元素

1) 索引

用列表名加元素序号访问列表中某个元素，其语法格式为：列表名[索引]。程序代码如下：

```
>>> a_list = ['a', 'b', 'c']
>>> print(a_list[2])
c
>>> print(a_list[-1])
c
>>> print(a_list[4])
Traceback (most recent call last):
    File "<pyshell#4>", line 1, in <module>
        print(a_list[4])
IndexError: list index out of range
```

2) 切片

切片是指从原列表中截取其中的任一部分得到的新列表。切片操作符是在[]内提供一对可选数字，用冒号(：)分割。冒号前的数字表示切片的开始位置，冒号后的数字表示切片的截止(但不包含)位置，语法格式是：列表名[开始索引：结束索引：步长]。

注意：开始索引、结束索引和步长三个数是可选的，而冒号必须存在；切片中包含开始索引指向的数据元素，不包括结束索引指向的数据元素。

切片的程序代码如下：

```
>>> l1=[1, 1.3, "a"]
>>> l1[1:2]              # 取出位置从 1 开始到位置为 2 的字符，但不包含偏移为 2 的元素
[1.3]
>>> l1[:2]              # 不指定第一个数，切片从第一个元素直到但不包含偏移为 2 的元素
[1, 1.3]
>>> l1[1:]              # 不指定第二个数，从偏移为 1 的元素直到末尾之间的元素
[1.3, 'a']
>>> l1[:]              # 数字都不指定，返回整个列表的一个拷贝
[1, 1.3, 'a']
```

3) 修改元素

修改元素只需直接给元素赋值，其程序代码如下：

```
>>> a_list = ['a', 'b', 'c']
>>>a_list[0] = 123
>>>print a_list
[123, 'b', 'c']
```

4) 添加元素

(1) 使用 "+" 运算符将一个新列表附加在原列表的尾部，其程序代码如下：

```
>>> a_list = [1]
>>> a_list = a_list + ['a', 2.0]
>>> a_list
[1, 'a', 2.0]
```

(2) 使用 append()方法向列表尾部添加一个新元素。

append()方法是列表特有的方法，其他常见对象没有这个方法。该方法是往列表的尾部增加元素，而且每次只能增加一个元素。如果需要一次增加多个元素，则用该方法无法实现，只能使用列表的 extend()方法，其程序代码如下：

```
>> a_list = [1, 'a', 2.0]
>>> a_list.append(True)
>>> a_list
[1, 'a', 2.0, True]
```

(3) 使用 extend()方法将一个列表添加在原列表的尾部，其程序代码如下：

```
>>>a_list=[1, 'a', 2.0, True]
>>> a_list.extend(['x', 4])
>>> a_list
[1, 'a', 2.0, True, 'x', 4]
```

(4) 使用 insert()方法将一个元素插入到列表的任意位置，其程序代码如下：

```
>>>a_list=[1, 'a', 2.0, True, 'x', 4]
>>> a_list.insert(0, 'x')
>>> a_list
['x', 1, 'a', 2.0, True, 'x', 4]
```

5) 删除元素

(1) 使用 del 语句删除某个特定位置的元素，其程序代码如下：

```
>>>a_list=['x', 1, 'a', 2.0, True, 'x', 4]
>>> del a_list[1]
>>> a_list
['x', 'a', 2.0, True, 'x', 4]
```

(2) 使用 remove()方法删除某个特定值的元素，其程序代码如下：

```
>>>a_list = ['x', 'a', 2.0, True, 'x', 4]
```

```
>>> a_list.remove('x')
>>> a_list
['a', 2.0, True, 'x', 4]
>>> a_list.remove('x')
>>> a_list
['a', 2.0, True, 4]
>>> a_list.remove('x')
Traceback (most recent call last):
    File "<stdin>", line 1, in <module>
ValueError: list.remove(x): x not in list
```

(3) 使用 pop()方法弹出指定位置的元素，缺省参数时弹出最后一个元素，其程序代码如下：

```
>>> a_list=['a', 2.0, True, 4]
>>> a_list.pop()                # 缺省参数时弹出最后一个元素
4
>>> a_list
['a', 2.0, True]
>>> a_list.pop(1)
2.0
>>> a_list
['a', True]
>>> a_list.pop(1)
True
>>> a_list
['a']
>>> a_list.pop()
'a'
>>> a_list
[ ]
>>> a_list.pop()
Traceback (most recent call last):
    File "< stdin >", line 1, in <module>
IndexError: pop from empty list
```

(4) 使用 clear()方法清空列表所有元素，其程序代码如下：

```
>>> a_list = ['x', 'a', 2.0, True, 'x', 4]
>>> a_list.clear()
>>> a_list
[]
```

列表方法如表 3.1 所示。

表 3.1 列 表 方 法

函　数	描　述
alist.append(obj)	列表末尾增加元素 obj
alist.extend(sequence)	用 sequence 扩展列表
alist.insert(index, obj)	在 index 索引之前添加元素 obj
alist.pop(index)	删除索引的元素
alist.remove(obj)	删除指定元素
alist. clear()	清空列表所有元素

3.1.2　操作函数

1. len(seq)

功能：求出列表所包含的元素个数。

【例 3-1】 len()函数示例。

本例的程序代码如下：

```
>>> l1 = [1, 5, 9]
>>> len(l1)
3
```

2. min(seq)

功能：求出列表中最小值。

【例 3-2】 min()函数示例。

本例的程序代码如下：

```
>>> l1 = [1, 5, 9]
>> min(l1)
1
```

3. max(seq)

功能：求出列表中最大值。

【例 3-3】 max()函数示例。

本例的程序代码如下：

```
>>> l1 = [1, 5, 9]
>>> max(l1)
9
```

4. sum(seq[index1, index2])

功能：求出列表中切片之间的和，序列元素必须是数值。

【例 3-4】 sum()函数示例。

本例的程序代码如下：

```
>>> l1 = [1, 5, 9]
>>> sum(l1[0:3])
15
```

5. sorted()

功能：对列表进行排序，默认是按照升序排序。该方法不会改变原列表的顺序。

【例 3-5】 sorted()函数示例。

本例的程序代码如下：

```
>>> a_list = [80, 48, 35, 95, 98, 65, 99, 95, 18, 71]
>>> sorted(a_list)
[18, 35, 48, 65, 71, 80, 95, 95, 98, 99]
>>>a_list
[80, 48, 35, 95, 98, 65, 99, 95, 18, 71]
```

降序排序：在 sorted()函数中 reverse 参数的值为 True 表示降序，Flase 表示升序，其程序代码如下：

```
>>> a_list = [80, 48, 35, 95, 98, 65, 99, 95, 18, 71]
>>> sorted(a_list, reverse = True)
[99, 98, 95, 95, 80, 71, 65, 48, 35, 18]
>>> sorted(a_list,reverse=False)
[18, 35, 48, 65, 71, 80, 95, 95, 98, 99]
```

6. sort()

功能：对列表进行排序，排序后的新列表会覆盖原列表，默认为升序排序。

【例 3-6】 sort()函数示例。

本例的程序代码如下：

```
>>> a_list = [80, 48, 35, 95, 98, 65, 99, 95, 18, 71]
>>> a_list.sort()
>>> a_list
[18, 35, 48, 65, 71, 80, 95, 95, 98, 99]
>>> a_list = [80, 48, 35, 95, 98, 65, 99, 95, 18, 71]
>>> a_list.sort(reverse = True)
>>> a_list
[99, 98, 95, 95, 80, 71, 65, 48, 35, 18]
>>> a_list.sort(reverse = False)
>>> a_list
[18, 35, 48, 65, 71, 80, 95, 95, 98, 99]
```

7. reverse()

功能：用于对列表中的元素进行反转存放。

【例 3-7】 reverse()函数示例。

本例的程序代码如下：

```
>>> l1 = [1, 5, 9]
```

```
>>> l1. reverse( )
>>> l1
[9, 5, 1]
```

列表的操作函数如表 3.2 所示。

表 3.2 通用函数

函　数	功　　能
len( )	序列所包含的元素的个数
min( )	序列中的最小值
max( )	序列中的最大值
sum( )	序列中切片之间的和
alist.reverse( )	原地反转序列元素顺序
alist.sort(obj)	为序列排序

3.2　元　　组

元组(Tuple)的所有数据元素放在一对圆括号"( )"中，如下所示：

```
(1, 2, 3, 4, 5 )
('Python', 'C', 'HTML', 'Java', 'Perl ')
```

元组相当于只读列表，一旦创建，不可以修改其元素。与列表相比，元组具有如下特点：

(1) 不能向元组增加元素，元组没有 append( )、insert( )或 extend( )方法。

(2) 不能从元组删除元素，元组没有 remove( )或 pop( )方法。

(3) 元组的处理速度和访问速度比列表快，可以认为元组对数据进行"写保护"，使得代码更加安全。

(4) 作为不可变序列，元组(包含数值、字符串和其他元组的不可变数据)可用作字典的键，而列表不可以充当字典的键，因为列表是可变的。

3.2.1　基本操作

1. 创建元组

使用赋值运算符"="将元组赋值给变量，创建元组对象，其程序代码如下：

```
>>>tup1 = ('a', 'b', 1997, 2000)
>>>tup2 = (1, 2, 3, 4, 5, 6, 7 )
```

当创建只包含一个元素的元组时，由于圆括号既可以表示元组，又可以表示数公式中的小括号，会产生歧义，因此 Python 规定：在元素的后面必须加逗号。其程序代码如下：

```
>>> x = (1)
>>> x
1
```

```
>>> y = (1, )
>>> y
(1,)
>>> z = (1, 2)
>>> z
(1, 2)
```

2. 读取元组

1) 索引

元组可以使用下标索引来访问元组中的元素值，其语法格式为：元组名[索引]。程序代码如下：

```
>>> a_tuple = ('physics', 'chemistry', 2017, 2.5)
>>> a_tuple[1]
'chemistry'
>>> a_tuple[-1]
2.5
>>> a_tuple[5]
Traceback (most recent call last):
    File "<pyshell#14>", line 1, in <module>
        a_tuple[5]
IndexError: tuple index out of range
```

2) 切片

元组可以进行切片操作，方法与列表类似。对元组切片可以得到一个新元组，其程序代码如下：

```
>>> a_tuple[1:3]
('chemistry', 2017)
>>> a_tuple[::3]
('physics', 2.5)
```

3. 修改元组

元组是只读列表，修改元组元素会引发如下错误：

```
>>> a_tuple = ('physics', 'chemistry',2017, 2.5)
>>> a_tuple[0] = 2
Traceback (most recent call last):
    File "<pyshell#18>", line 1, in <module>
        a_tuple[0] = 2
TypeError: 'tuple' object does not support item assignment
```

4. 删除元组

不允许删除元组中的元素，但可以使用 del 语句删除整个元组，其程序代码如下：

```
>>>tup = ('physics', 'chemistry', 1997, 2000)
>>>del tup[1]
```

```
Traceback (most recent call last):
    File "<stdin>", line 1, in <module>
TypeError: 'tuple' objext doesn't support item    deletion
>>>del tup
>>print(tup)
Traceback (most recent call last):
    File "<stdin>", line 1, in <module>
NameError: name 'tup' is not defined
```

5. 检索元素

(1) 使用元组对象的 index()方法可以获取指定元素首次出现的下标，其程序代码如下：

```
>>> a_tuple.index(2017)
2
>>> a_tuple.index('physics',-3)
Traceback (most recent call last):
    File "<pyshell#24>", line 1, in <module>
        a_tuple.index('physics',-3)
ValueError: tuple.index(x): x not in tuple
```

(2) 使用元组对象的 count()方法可以统计元组中指定元素出现的次数，其程序代码如下：

```
>>> a_tuple.count(2017)
1
>>> a_tuple.count(1)
0
```

(3) 使用 in 运算符可以检索某个元素是否在该元组中，其程序代码如下：

```
>>> 'chemistry' in a_tuple
True
>>> 0.5 in a_tuple
False
```

6. 元组连接

元组可以进行连接操作，其程序代码如下：

```
>>>tup1 = (12, 34.56)
>>>tup2 = ('abc', 'xyz')
>>>tup3 = tup1 + tup2;                    # 创建一个新的元组
>>>print(tup3)
(12, 34.56, 'abc', 'xyz')
```

3.2.2 元组应用及转换

1. 元组应用

利用元组可一次性给多个变量赋值，其程序代码如下：

```
>>> v = ('Python', 2, True)
>>> (x, y, z) = v
>>> x
'Python'
>>> y
2
>>> z
True
```

2. 列表与元组的转换

列表与元素的转换，其程序代码如下：

```
>>> a_list = ['physics', 'chemistry', 2017, 2.5, [0.5, 3]]
>>> tuple(a_list)
('physics', 'chemistry', 2017, 2.5, [0.5, 3])
>>> type(a_list)
<class 'list'>
>>> b_tuple = (1, 2, (3.0, 'hello world!'))
>>> list(b_tuple)
[1, 2, (3.0, 'hello world!')]
>>> type(b_tuple)
<class 'tuple'>
```

3.3 字 符 串

字符串用单引号、双引号或三引号括起来。单引号与双引号只能创建单行字符串，其程序代码如下：

```
>>> 'Hello'
'Hello'
>>> "Let's go"
"Let's go"
>>> 'let's go'
SyntaxError: invalid syntax
```

如果字符串占据几行，则需要保留回车符、制表符等信息格式，使用三重引号，其程序代码如下：

```
>>> '''
Life is short
You need Python
'''
'\nLife is short\nYou need Python\n'
```

3.3.1 基本操作

1. 创建字符串

使用赋值运算符"="将一个字符串赋值给变量即可创建字符串对象，其程序代码如下：

```
>>> str1 = "Hello"
>>> str1
>>> str2 = 'Program \n\'Python\"'
>>> str2
"Program \n'Python'"
```

2. 读取字符串元素

读取字符串元素的语法格式为：字符名[索引]。其程序代码如下：

```
>>> str1[0]
'H'
>>> str1[-1]
'o'
```

3. 字符串分片

字符串分片的语法格式为：字符串名[开始索引:结束索引:步长]。其程序代码如下：

```
>>> str = "Python Program"
>>> str[0:5:2]
'Pto'
>>> str[:]
'Python Program'
>>> str[-1:-20]
''
>>> str[-1:-20:-1]
'margorP nohtyP'
```

4. 字符串连接

字符串连接即使用运算符"+"将两个字符串对象连接起来，其程序代码如下：

```
>>> "Hello"+"World"
'HelloWorld'
>>> "P"+"y"+"t"+"h"+"o"+"n"+"Program"
'PythonProgram'
```

将字符串和数值类型数据进行连接时，需要使用 str()函数将数值数据转换成字符串，然后再进行连接运算。其程序代码如下：

```
>>> "Python"+str(3)
'Python3'
```

3.3.2 基本方法

字符串方法如表 3.3 所示。

表 3.3 字 符 串 方 法

函　　数	描　　述
s.index(sub, [start, end])	定位子串 sub 在 s 里第一次出现的位置
s.find(sub, [start, end])	与 index 函数一样，如果找不到则会返回−1
s.replace(old, new[, count])	替换 s 里所有 old 子串为 new 子串，count 指定被替换的数量
s.count(sub[, start, end])	统计 s 里有多少个 sub 子串
s.split()	默认分隔符是空格
s.join()	join()方法是 split()方法的逆方法，用来把字符串连接起来
s.lower()	返回将大写字母变成小写字母的字符串
s.upper()	返回将小写字母变成大写字母的字符串
sep.join(sequence)	把 sequence 的元素用连接符 sep 连接起来

下面介绍字符串的操作。

(1) 使用 index()方法定位子串 sub 在 s 里第一次出现的位置，其程序代码如下：

```
str. index (substr, [start, [, end]])
>>> s = "Python"
>>> s.index('P')
0
>>> s.index('h', 1, 4)
3
>>> s.index('y', 3, 4)
Traceback (most recent call last):
    File "<stdin>", line 1, in <module>
ValueError: substring not found
>>> s.index('h', 3, 4)
3
```

(2) 使用 find()方法查找子串，其程序代码如下：

```
str.find(substr, [start, [, end]])
>>> s1 = "beijing xi'an tianjin beijing chongqing"
>>> s1.find("beijing")
0
>>> s1.find("beijing", 3)
22
>>> s1.find("beijing", 3, 20)
-1
```

(3) 使用 replace()方法替换字符串，其程序代码如下：

```
str.replace(old,new(, max))
>>> s2 = "this is string example. this is string example."
>>> s2.replace("is", "was")
'thwas was string example. thwas was string example.'
>>> s2 = "this is string example. this is string example."
>>> s2.replace("is", "was", 2)
'thwas was string example. this is string example.'
```

(4) 使用 split()方法分离字符串，其语法格式如下：

```
str.split([sep])
```

sep 表示分隔符，默认以空格作为分隔符。若参数中没有分隔符，则把整个字符串作为列表的一个元素，当有参数时，以该参数进行分割。其程序代码如下：

```
>>> s = "Python"
>>> s.split( )
['Python']
>>> s = "hello Python i like it"
>>> s.split( )
['hello', 'Python', 'i', 'like', 'it']
>>>s = 'name:zhou, age:20 | name:python, age:30 | name:wang, age:55'
>>>print(s.split(' | ') )
['name:zhou, age:20', 'name:python, age:30', 'name:wang, age:55']
>>>x,y = s.split(' | ',1)
>>>print(x)
name:haha, age:20
>>>print(y)
name:python, age:30 | name:fef, age:55
```

(5) 使用 join()方法连接字符串，其语法格式如下：

```
sep.join(sequence)
```

其中 sep 表示分隔符，可以为空，sequence 表示要连接的元素序列。其程序代码如下：

```
>>> li = ['apple', 'peach', 'banana', 'pear']
>>> sep = ','
>>> s = sep.join(li)                    # 连接列表元素
>>> s
'apple,peach,banana, pear'
>>>s5 = ("Hello", "World")
>>>sep = ""
>>> sep.join(s5)                        # 连接元组元素
'HelloWorld'
```

3.4 字 典

3.4.1 字典引入

【例 3-8】 根据同学的名字查找对应的成绩。

解析 如果采用列表实现，则需要 names 和 scores 两个列表，并且列表中元素的次序必须一一对应，例如 zhou - > 95，Bob - > 75 等，如下所示：

```
names = ['zhou', 'Bob', 'Tracy']

scores = [95, 75, 85]
```

通过名字查找对应成绩，先在 names 中遍历找到所需查找的名字，再从 scores 遍历取出对应的成绩，查找时间随着列表长度的增加而增加。这种通过名字查找成绩的过程称为映射，Python 通过字典实现映射。

Python 语言中的字典可以通过使用大括号({})建立，其语法格式如下：

{<键 1>:<值 1>, <键 2>:<值 2>, …, <键 n>:<值 n>}

其中，键和值通过冒号连接，不同键值对通过逗号隔开。

字典有如下特性：

(1) 字典的值可以是任意数据类型，包括字符串、整数、对象，甚至字典。

(2) 键/值用冒号分割，而键值对用逗号分隔，所有这些都包括在花括号中。

(3) 键/值没有顺序。

(4) 键必须是唯一的，不允许同一个键重复出现，如果同一个键被赋值两次，后一个值会覆盖前面的值，代码如下：

```
>>>dict = {'Name': 'Zara', 'Age': 7, 'Name': 'Zhou'}

dict['Name']:   Zhou
```

(5) 键不可变，只能使用数、字符串或元组充当，不能用列表，其程序代码如下：

```
>>> dict = {['name']:'zhou', 'age':35}

Traceback (most recent call last):

  File "<pyshell#31>", line 1, in <module>

    Dict = {['name']:'zhou', 'age':35}

TypeError: unhashable type: 'list'
```

字典与列表比较，有以下几个特点：

(1) 字典通过空间换取时间，查找和插入速度极快，不会随着键的增加而增加。

(2) 字典是无序的对象集合，通过键读取数据元素，而不是通过偏移量读取。

采用字典实现例 3-8，只需创建"名字"-"成绩"的键值对，便可直接通过名字查找成绩。其程序代码如下：

```
>>> d = {'zhou': 95, 'Bob': 75, 'Tracy': 85}

>>> d['zhou']

95
```

3.4.2 基本操作

1. 创建字典

(1) 使用赋值运算符"="将一个字典赋值给一个变量，其程序代码如下：

```
>>> a_dict = {'Alice':95, 'Beth':82, 'Tom':65.5, 'Emily':95}
>>> a_dict
{'Emily': 95, 'Tom': 65.5, 'Alice': 95, 'Beth': 82}
>>> b_dict = {}
>>> b_dict
{}
```

(2) 使用内建函数 dict()创建字典，其程序代码如下：

```
>>>c_dict=dict(zip(['one', 'two', 'three'], [1, 2, 3]))
>>>c_dict
{'three': 3, 'one': 1, 'two': 2}
>>>d_dict = dict(one = 1, two = 2, three = 3)
>>>e_dict = dict([('one', 1), ('two', 2), ('three', 3)])
>>>f_dict = dict((('one', 1), ('two', 2), ('three', 3)))
>>> g_dict = dict()
>>> g_dict
{}
```

(3) 使用内建函数 fromkeys()创建字典，其语法格式为：dict.fromkeys(seq[, value]))。其程序代码如下：

```
>>> h_dict = {}.fromkeys((1, 2, 3), 'student')
>>> h_dict
{1: 'student', 2: 'student', 3: 'student'}
>>> i_dict = {}.fromkeys((1, 2, 3))
>>> i_dict
{1: None, 2: None, 3: None}
>>> j_dict = {}.fromkeys(())
>>> j_dict
{}
```

2. 读取字典元素

(1) 使用下标的方法读取元素，其程序代码如下：

```
>>> stu = {'Alice':95,'Beth':82, 'Tom':65.5, 'Emily':95}
>>> stu['Tom']
65.5
>>> stu[95]
Traceback (most recent call last):
```

```
    File "<pyshell#32>", line 1, in <module>
        stu[95]
KeyError: 95
```

(2) get()方法根据键返回对应的值。其语法格式为：dict.get(key, default=None)。default 是指键值不存在时，返回的值，其程序代码如下：

```
>>> stu = {'zhou': 95, 'Bob': 75, 'Tracy': 85}
>>> stu.get('zhou')
95
>>> print(stu.get('wang'))
None
```

3. 增加字典元素

(1) 使用键索引的方法。其语法格式为：字典名[键名] = 键值。程序代码如下：

```
>>> stu = {'zhou': 95, 'Bob': 75, 'Tracy': 85}
>>> stu ['zhou'] = 60
>>> stu
{'zhou': 60, 'Bob': 75, 'Tracy': 85}
```

(2) 使用 update()方法。update()方法把一个字典的元素合并到另一个字典，覆盖相同键的值，其程序代码如下：

```
>>> tel = {'gree': 4127, 'mark': 4127, 'jack': 4098}
>>> tel1 = {'gree':5127, 'pang':6008}
>>> tel.update(tel1)
>>> tel
{'gree': 5127, 'pang': 6008, 'jack': 4098, 'mark': 4127}
```

(3) 使用 setdefault 方法。setdefault 方法接收两个参数，第一个参数是字典的键，第二个参数是字典的值，其程序代码如下：

```
>>> stu = {'zhou': 95, 'Bob': 75, 'Tracy': 85}
>>> stu.setdefault('wang',86)
86
>>> print(stu)
{'zhou': 95, 'Bob': 75, 'Tracy': 85, 'wang': 86}
>>>
```

4. 删除字典元素

(1) 使用 del 命令删除字典中指定键对应的元素，其程序代码如下：

```
>>> stu = {'zhou': 95, 'Bob': 75, 'Tracy': 85}
>>> del stu ['zhou']
>>> print(stu)
{'Bob': 75, 'Tracy': 85}
>>> del stu [95]
```

```
Traceback (most recent call last):
    File "<pyshell#48>", line 1, in <module>
        del stu [95]
KeyError: 95
```

(2) 使用 pop()方法删除一个关键字并返回它的值，其程序代码如下：

```
>>> stu = {'zhou': 95, 'Bob': 75, 'Tracy': 85}
>>> stu.pop('zhou')
95
>>> print(stu)
{'Bob': 75, 'Tracy': 85}
```

(3) 使用 popitem()方法删除元素，其程序代码如下：

```
>>> stu = {'zhou': 95, 'Bob': 75, 'Tracy': 85}
>>> stu.popitem()
('Tracy', 85)
>>> stu
{'zhou': 95, 'Bob': 75}
```

(4) 使用 clear()方法清除字典中所有元素，其程序代码如下：

```
>>> stu = {'zhou': 95, 'Bob': 75, 'Tracy': 85}
>>> stu.clear( )
>>> stu
{}
```

3.4.3　字典遍历

字典遍历相关内容如下。

(1) 遍历字典的键。

使用 keys()方法返回一个包含所有键的列表，其语法格式为：dict.keys()。程序代码如下：

```
>>> stu = {'zhou': 95, 'Bob': 75, 'Tracy': 85}
>>> stu.keys( )
['Bob', 'Tracy', 'zhou']
```

(2) 遍历字典的值。

使用 Values()方法返回一个包含所有值的列表，其语法格式为：dict.values()。程序代码如下：

```
>>> stu = {'zhou': 95, 'Bob': 75, 'Tracy': 85}
>>> stu.values()
[75, 85, 95]
```

(3) 遍历字典元素。

使用 items()方法返回一个由形如(key，value)组成的元组，其语法格式为：dict.items()。

程序代码如下：

```
>>> dict = {'zhou': 95, 'Bob': 75, 'Tracy': 85}
>>> dict.items()
[('Bob', 75), ('Tracy', 85), ('zhou', 95)]
```

(4) has-key()方法检查字典中是否存在某一键，其程序代码如下：

```
>>> dict = {'zhou': 95, 'Bob': 75, 'Tracy': 85}
>>> dict.has_key('zhou')
True
```

(5) in 运算用于判断某键是否在字典里(对于 value 值不适用)，其程序代码如下：

```
>>> tel1 = {'gree':5127, 'pang':6008}
>>> 'gree'   in tel1
True
```

(6) 使用 copy()方法复制字典，其程序代码如下：

```
>>> stu1 = {'zhou': 95, 'Bob': 75, 'Tracy': 85}
>>> stu2 = stu1.copy()
>>> print(stu2)
{'zhou': 95, 'Bob': 75, 'Tracy': 85}
```

字典方法如表 3.4 所示。

表 3.4　字　典　方　法

函　　数	描　　述
aDic.clear()	删除字典所有元素
aDic.copy()	返回字典副本
aDic.get(key)	返回字典的 key
aDic.has_key(key)	检查字典是否有给定的键
aDic.items()	返回表示字典(键、值)对应表
aDic.keys()	返回字典键的列表
aDic.pop(key)	删除并返回给定键
aDic.values()	返回字典值的列表
aDic.update()	把一个字典的元素合并到另一个字典，覆盖相同键的值
aDic.setdefault()	添加字典元素
aDic.popitem()	删除字典元素

3.5　集　　合

集合(Set)是一个无序排列的、不重复的数据集合体，用一对"{}"进行界定。例如，

a_set = {0, 1, 2, 3, 4}就是集合。

3.5.1　基本操作

下面介绍集合的相关操作。

1. 创建集合

(1) 使用赋值运算符"="将一个集合赋值给一个变量，其程序代码如下：

```
>>> a_set = {0, 1, 2, 3, 4, 5, 6, 7, 8, 9}
>>> a_set
{0, 1, 2, 3, 4, 5, 6, 7, 8, 9}
>>> b_set = {1, 3, 3, 5}              # 重复元素
>>> b_set
{1, 3, 5}
```

重复的元素在 set 中被自动过滤。

(2) 使用集合对象的 set()方法创建集合，其程序代码如下：

```
>>> b_set = set(['physics', 'chemistry', 2017, 2.5])
>>> b_set
{2017, 2.5, 'chemistry', 'physics'}
>>> c_set = set(('Python', 'C', 'HTML', 'Java', 'Perl '))
>>> c_set
{'Java', 'HTML', 'C', 'Python', 'Perl '}
>>> d_set = set('Python')
>>> d_set
{'y', 'o', 't', 'h', 'n', 'P'}
```

(3) 使用 frozenset()方法创建一个冻结的集合，其程序代码如下：

```
>>> e_set = frozenset('a')
>>> a_dict = {e_set:1, 'b':2}
>>> a_dict
{frozenset({'a'}): 1, 'b': 2}
>>> f_set = set('a')
>>> b_dict = {f_set:1, 'b':2}
Traceback (most recent call last):
    File "<pyshell#9>", line 1, in <module>
        b_dict = {f_set:1, 'b':2}
TypeError: unhashable type: 'set'
```

2. 访问集合

集合本身无序，无法进行索引和切片操作，只能使用 in 运算符或者循环遍历访问元素，

其程序代码如下：

```
>>> b_set = set(['physics', 'chemistry', 2017, 2.5])
>>> b_set
{'chemistry', 2017, 2.5, 'physics'}
>>> 2.5 in b_set
True
>>> 3 in b_set
False
>>> for i in b_set:
print(i,end = ' ')
chemistry 2017 2.5 physics
```

3. 删除集合

使用 del 语句删除集合，其程序代码如下：

```
>>> a_set = {1, 2, 3, 4, 5}
>>> a_set
{1, 2, 3, 4, 5}
>>> del a_set
>>> a_set
Traceback (most recent call last):
    File "<pyshell#66>", line 1, in <module>
        a_set
NameError: name 'a_set' is not defined
```

4. 添加元素

(1) 使用 add()方法添加元素，其语法格式为：s.add(x)。程序代码如下：

```
>>> a_set = set(['Python', 2018])
>>> a_set.add(29.5)
>>> a_set
{'Python', 2018, 29.5}
```

(2) 使用 update()方法添加元素，其语法格式为：s.update(s1, s2, …, sn)。程序代码如下：

```
>>> b_set = {'Phthon','C','C++'}
>>> b_set.update({1, 2, 3}, {'Wade', 'Nash'}, {0, 1, 2})
>>> b_set
{0, 1, 2, 3, 'Phthon', 'Wade', 'C++', 'Nash', 'C'}
```

5. 删除元素

(1) 使用 remove()方法删除元素，其语法格式为：s.remove(x)。程序代码如下：

```
>>> b_set = {0, 1, 2, 3, 'Python', 'C++', 'C'}
>>> b_set.remove(0)
```

```
>>> b_set
{1, 2, 3, 'C++', 'C', 'Python'}
>>> b_set.remove("Hello")
Traceback (most recent call last):
    File "<pyshell#65>", line 1, in <module>
        b_set.remove("Hello")
KeyError: 'Hello'
```

(2) 使用 discard()方法删除元素，其语法格式为：s.discard(x)。程序代码如下：

```
>>> b_set = {1, 2, 3, 'Python', 'C++', 'C'}
>>> b_set.discard("Python")
>>> b_set
{1, 2, 3, 'C++', 'C'}
```

(3) 使用 pop()方法删除任意一个元素，其程序代码如下：

```
>>> b_set = {1, 2, 3, 'Python', 'C++', 'C'}
>>> b_set.pop()
1
>>> b_set
{2, 3, 'C++', 'Python', 'C'}
```

(4) 使用 clear()方法删除集合中所有元素，其程序代码如下：

```
>>> b_set = {1, 2, 3, 'Python', 'C++', 'C'}
>>> b_set.clear()
>>> b_set
set()
```

集合的相关方法如表 3.5 所示。

表 3.5　集合的方法

函　　数	描　　述
s.add(x)	将数据项 x 添加到集合 s 中
s.remove(x)	从集合 s 中删除数据项 x
s.clear()	移除集合 s 中的所有数据项
set()	创建集合
frozenset()	创建集合
s.update()	删除集合元素
s.discard()	删除集合元素
s.pop()	删除集合元素

3.5.2　集合运算

1. 交集

"&"用于求出两个集合的交集，其语法格式为：s1&s2&…&sn。程序代码如下：

```
>>> {0, 1, 2, 3, 4, 5, 7, 8, 9}&{0, 2, 4, 6, 8}
{8, 0, 2, 4}
>>> {0, 1, 2, 3, 4, 5, 7, 8, 9}&{0, 2, 4, 6, 8}&{1, 3, 5, 7, 9}
set( )
```

2. 并集

"|"用于求出两个集合的并集，其语法格式为：s1 | s2 | … | sn。程序代码如下：

```
>>> {0, 1, 2, 3, 4, 5, 7, 8, 9} | {0, 2, 4, 6, 8}
{0, 1, 2, 3, 4, 5, 6, 7, 8, 9}
>>> {0, 1, 2, 3, 4, 5} | {0, 2, 4, 6, 8}
{0, 1, 2, 3, 4, 5, 6, 8}
```

3. 差集

"-"用于求出两个集合的差集，其语法格式为：s1-s2-…-sn。程序代码如下：

```
>>> {0, 1, 2, 3, 4, 5, 6, 7, 8, 9}-{0, 2, 4, 6, 8}
{1, 3, 5, 9, 7}
>>> {0, 1, 2, 3, 4, 5, 6, 7, 8, 9}-{0, 2, 4, 6, 8}-{2, 3, 4}
{1, 5, 9, 7}
```

4. 对称差集

"^"用于求出两个集合中不同时存在的元素，其语法格式为：s1^s2^…^sn。程序代码如下：

```
>>> {0, 1, 2, 3, 4, 5, 6, 7, 8, 9}^{0, 2, 4, 6, 8}
{1, 3, 5, 7, 9}
>>> {0, 1, 2, 3, 4, 5, 6, 7, 8, 9}^{0, 2, 4, 6, 8}^{1, 3, 5, 7, 9}
set( )
```

课 后 习 题

一、判断题

1．执行"what" in {"love"，"python"，123，"what"，"good"}后结果为 True。（　　）

2．列表中的元素可以是任意数据类型。（　　）

3．元组变量初始化后，元组中元素的值无法进行修改。（　　）

4．str1='Hello World'；str1.find('Hello')的返回结果为 True。（　　）

5．执行"stuDict = {'name':'张三', 'id': '001', 'class':'cs01'}; [item for item in stuDict.items()]"

的结果为['name', 'id', 'class']。（　　）

二、编程题

1．在列表中输入多个数据作为圆的半径，计算出相应的圆的面积。

2．输入一段英文文章，求其长度，并求出包含多少个单词。

3．随意输入若干个学生的姓名和成绩构成字典，按照成绩大小排序。

4．输入一列数字，以空格分隔开，输出其中 7 的倍数及个位是 7 的数。

　　输入格式：输入多个自然数，以空格分隔。

　　输出格式：查找元组内 7 的倍数及个位是 7 的数输出，以空格分隔。

　　输入样例：1 2 3 4 5 6 7 8 9 10 11 12 13 14 15 16 17 18 19 20

　　输出样例：7 14 17

5．任意输入一串字符，输出其中不同字符以及各自的个数。例如，输入"abcdefgabc"，输出为"a->2，b->2，c->2，d->1，e->1，f->1，g->1"。

第 4 章 流 程 控 制

本章首先介绍了算法的五个特性和三个层次以及程序流程图等，其次介绍了顺序、选择和循环三大流程控制结构，最后介绍了转移语句等相关知识。

4.1 程序设计流程

采用 Python 设计程序一般分为如下步骤，如图 4.1 所示。

步骤 1　分析找出解决问题的关键之处，确定算法的步骤。

步骤 2　将算法转换为程序流程图，描绘出解决问题的步骤。

步骤 3　根据程序流程图编写符合 Python 3.0 语法的代码。

步骤 4　调试程序，纠正错误，修改程序，运行程序。

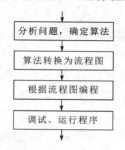

图 4.1　Python 程序设计流程

4.1.1　算法

算法是对特定问题求解步骤的一种描述，是指令的有限序列，每一条指令表示一个或多个操作。著名计算机科学家沃思提出了一个公式：程序=数据结构+算法。其中，数据结构解决"如何描述数据"的问题，用于确定数据类型和数据的组织形式，Python 提供了列表、元组、字符串、字典和集合等特有数据类型。算法解决"如何操作数据"的问题。算法一般具备以下五个特性：

(1) 确定性。算法的每个步骤都应确切无误，没有歧义性。

(2) 可行性。算法的每个步骤都必须满足计算机语言能够有效执行和可以实现的要求，并可得到确定的结果。

(3) 有穷性。算法包含的步骤必须是有限的，并在一个合理的时间限度内可以执行完毕，不能无休止地执行下去。例如计算圆周率，只能精确到某一位。

(4) 输入性。由于算法的操作对象是数据，因此应在执行操作前提供数据，执行算法时可以有多个输入，但也可以没有输入(0 个输入)。

(5) 输出性。算法的目的是解决问题，必然要提供一个或多个输出。

【例 4-1】 从键盘上输入三角形的三个边长，求三角形面积。

解析 本例算法步骤如下：

步骤 1　从键盘上任意输入三个整数，用 a、b、c 表示。

步骤 2　判断 a、b、c 是否符合三角形的定义(两边之和大于第三边)。

步骤 3　如果符合，则先求出三角形周长的一半 $s = (a + b + c)/2$，调用海伦公式 $area = \sqrt{s(s-a)(s-b)(s-c)}$，求出三角形面积(area)。

步骤 4　输出 area。

下面用算法的五个特性来分析例 4-1。

(1) 确定性。例 4-1 共有四个步骤，每一个步骤都有确定的含义，没有二义性。

(2) 可行性。例 4-1 的每个步骤都可以用 Python 去实现。

(3) 有穷性。例 4-1 只有四个步骤，是有限的。

(4) 输入性。例 4-1 有三个输入，a、b、c 分别表示三角形的三个边长。

(5) 输出性。例 4-1 有一个输出，area 代表三角形的面积。

Python 语言的学习大致分为两个方面：一是 Python 语言本身语句的语法和语义；二是算法的学习。算法的学习又分为如下三个层次或三个阶段。

第一层次——基础阶段，包括基本的算法和程序设计方法，如查找、排序、递归程序设计等，典型的课程是"数据结构"。

第二层次——提高阶段，包括重要的算法设计方法，如分治法、动态规划法、贪心法、回溯法等，理解算法的时间和空间复杂性以及复杂性分析等重要概念，典型的课程是"算法设计与分析"。

第三层次——高级阶段，包括工程应用和数据智能处理相关的重要算法和模型，如最优化方法(梯度下降法)、遗传算法、神经网络算法等，典型的课程有"工程最优化方法" "模式识别" "人工智能"等。

算法学习的三个层次如表 4.1 所示，本书主要讲授 Python 3.X，涉及算法学习的第一层次。

表 4.1　算法学习的三个层次

层次	概念	内　　容
第一层	基础阶段	基本算法，如排序、查找、递归法等算法
第二层	提高阶段	涉及算法的时间和空间复杂度，数据结构中树与图，如贪心算法、背包算法等
第三层	高级阶段	优化算法的学习，如蚁群算法、聚类算法等

4.1.2　程序流程图

算法往往采用流程图、伪语言和形式化语言(Z 语言等)实现，应用最普遍的是程序流程图。程序流程图又名框图，采用一些几何框图、流向线和文字说明表示算法，其构成要素如图 4.2 所示。

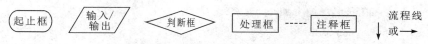

图 4.2 程序流程图的构成要素

图中：

(1) 起止框用于表示流程的开始和结束。

(2) 输入框用于表示框向程序输入数据，输出框用于程序向外输出信息。

(3) 流程线用于表示控制流向。

(4) 处理框又称为方框，用于表示一个处理步骤，流程线是一进一出。

(5) 判断框又称为菱形框，用于表示一个逻辑条件，流程线是一进两出。

(6) 注释框，用于解释语句的含义。

4.2 顺 序 结 构

1996 年意大利人 Bobra 和 Jacopini 发现任何程序都可以由"顺序""选择(分支)"和"循环"的有限次组合与嵌套进行描述。

顺序结构是按照程序代码书写的顺序一句一句地执行的。例如火车在轨道上行驶，只有过了上一站点才能到达下一站点。顺序结构流程图如图 4.3 所示，即先执行 A，再执行 B。

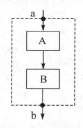

图 4.3 顺序结构

顺序结构是最简单的控制结构，主要有赋值语句、输入/输出语句等。

4.2.1 输入

Python 提供 input、eval 等基本输入函数。

(1) input 函数。input 函数的程序代码如下：

```
>>> a = input('please input a number: ')
Please input a number:234
>>> type(a)
(class 'str')
>>> a = int(input('please input a number: ') )
Please input a number:234
```

```
>>> type(a)
(class 'int')
>>> a, b = eval(input('please input two number: ') )
  please input two number:2, 3
>>> a, b
(2, 3)
```

(2) eval 函数。eval 函数用于将组合数据类型的列表(list)、元组(tuple)、字典(dict)和字符串(string)相互转化。

① 字符串转换成列表，其程序代码如下：

```
>>>a = "[[1, 2], [3, 4], [5, 6], [7, 8], [9, 0]]"
>>>type(a)
<type 'str'>
>>> b = eval(a)
>>> print(b)
[[1, 2], [3, 4], [5, 6], [7, 8], [9, 0]]
>>> type(b)
<type 'list'>
```

② 字符串转换成字典，其程序代码如下：

```
>>> a = "{1: 'a', 2: 'b'}"
>>> type(a)
<type 'str'>
>>> b = eval(a)
>>> print(b)
{1: 'a', 2: 'b'}
>>> type(b)
<type 'dict'>
```

(3) 字符串转换成元组，其程序代码如下：

```
>>> a = "([1, 2], [3, 4], [5, 6], [7, 8], (9,0))"
>>> type(a)
<type 'str'>
>>> b = eval(a)
>>> print(b)
([1, 2], [3, 4], [5, 6], [7, 8], (9, 0))
>>> type(b)
<type 'tuple'>
```

4.2.2 输出

通过 print 函数实现数据的输出操作。print 默认输出是换行的，如果要实现输出不换行，则需要在变量末尾加上"end = """"。print 函数的语法格式如下：

    print(<expression>, <expression>)

print 的操作对象是字符串，程序代码如下：

```
>>> print('Hello world! ')
'Hello world! '
>>> print("Hello", end = "")
>>> print("World")
'Hello world! '
```

注意：

(1) 在 Python 命令行下，print 是可以省略的，默认会输出每一次命令的结果，如：

```
>>> 'Hello world! '
'Hello world! '
```

(2) 多个<expression>间用逗号间隔。print()会依次打印每个字符串，遇到逗号","会输出一个空格，如：

```
>>> print('Hello', 'everyone! ')
Hello everyone!
```

(3) 格式化控制输出，具有如下两种方式。

方式 1　使用格式符(以%开头)来实现，格式符输出如表 4.2 所示。

表 4.2　格 式 符 输 出

格式符	格 式 说 明
d 或 i	以带符号的十进制整数形式输出整数(正数省略符号)
O	以八进制无符号整数形式输出整数(不输出前导 0)
x 或 X	以十六进制无符号整数形式输出整数(不输出前导 0x)，输出十六进制数
C	以字符形式输出，输出一个字符
S	以字符串形式输出
F	以小数形式输出实数，默认输出 6 位小数
e 或 E	以科学记数法输出实数，数字部分隐含 1 位整数、6 位小数

【例 4-2】 格式化输出示例。

本例的程序代码如下：

```
>>>num = 40
>>>price = 4.99
>>>name = 'zhou'
>>>print("number is %d"%num)
number is 40
>>> print("price is %f"%price)
price is   4.990000
>>> print("price is %.2f"%price)
```

```
price is    4.99
>>> print("name    is %.s"%name)
name is zhou
```

方式 2　使用 format()函数来实现。

str.format()具有格式化输出，如下所示：

```
>>> print('{}网址: "{}!"'.format('python 教程', 'www.python.com'))
python 教程网址: "www. python.com!"
```

其中{}括号及其里面的字符(称作格式化字段)将会被 format()中的参数替换。括号中的数字用于指向传入对象在 format()中的位置，如下所示：

```
>>> print('{0} 和 {1}'.format('Google', ' python '))
Google 和 python
```

在 format()中使用了关键字参数，其值会指向使用该名字的参数，如下所示：

```
>>> print('{name}网址: {site}'.format(name = 'python 教程', site = 'www.python.com'))
python 教程网址: www.python.com
```

在 “':'” 后传入一个整数，可以保证该域至少有这么多的宽度，常用于美化表格，如下所示：

```
>>> table = {'Google': 1, 'python ': 2, }
>>> for name, number in table.items():
...        print('{0:10} ==> {1:10d}'.format(name, number))
Google          ==>                 1
python          ==>                 2
```

4.3　选 择 结 构

选择结构又称为分支语句、条件判定结构，表示在某种特定的条件下选择特定语句执行，对不同的问题采用不同的处理方法。选择结构流程图如图 4.4 所示，左图中，若 P 为真，则执行 A，否则执行 B；右图中，若 P 为真，则执行 A，否则跳过 A。

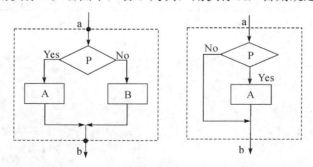

图 4.4　选择结构

Python 是通过 if 语句实现选择，具有单分支、双分支(二支)、多分支结构、分支嵌套等形式。

1. 单分支结构

if 语句的单分支结构流程图如图 4.5 所示，其语法格
式为：

if　条件表达式:

语句块

Python 认为非 0 的值为 True，0 是 False。

【例 4-3】 从键盘上输入两个正整数 x 和 y，然后用
升序输出。

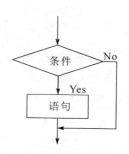

图 4.5　if 语句的单分支结构流程图

解析 假设输入次序为先 3 后 5，那么只需按次序输
出。但若输入次序为先 5 后 3，那么需要对其进行交换输出。

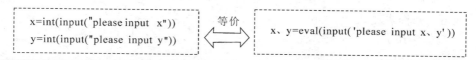

print ("before sorting:", x, y)

if x>y: #如果 x 大于 y 条件成立，则引入 t 交换 x 和 y。

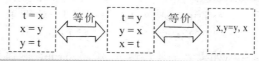

print("after sorting", x, y)

思考： 如果要将三个数从大到小输出，如何编写程序代码?

2. 双分支结构

if 语句的双分支结构(二分支)流程图如图 4.6 所示。当条件表达式的值为 True 时，执
行语句 1；当条件表达式的值为 False 时，执行语句 2。

双分支结构的 if 语句语法格式如下：

　　if 条件表达式:

　　　　<语句块 1>

　　else:

　　　　<语句块 2>

其中 if 和 else 的语句块用缩进来表示。

【例 4-4】 求输入的两个整数的最小值。

本例的程序代码如下：

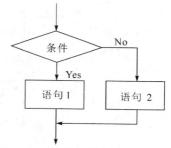

图 4.6　if 语句的双分支结构流程图

```
x,y=eval(input('请输入 x、y: '))
if a<b:
    min = a
else:
    min = b
printf("The minimum is %d"%min)
```

程序运行结果如下：

> 4, 3
> The minimum is 3

3. 多分支结构

当分支超过 2 个时，采用 if 语句的多分支结构。多分支结构的 if 语句语法格式如下：

> if　条件表达式 1:
> 　　<语句块 1>
> elif　条件表达式 2:
> 　　<语句块 2>
> 　　⋮
> elif　条件表达式 n:
> 　　<语句块 n>
> else:
> 　　<语句块 m>

多分支执行的思路如下：

如果"条件表达式 1"为 True，则执行"语句块 1"，如果"条件表达式 1"为 False，则判断"条件表达式 2"；如果"条件表达式 2"为 True，则执行"语句块 2"，如果"条件表达式 2"为 False……；如果"条件表达式 n"为 True，则执行"语句块 n"，如果"条件表达式 n"为 False，则执行"语句块 m"。

if 语句的多分支流程图如图 4.7 所示。

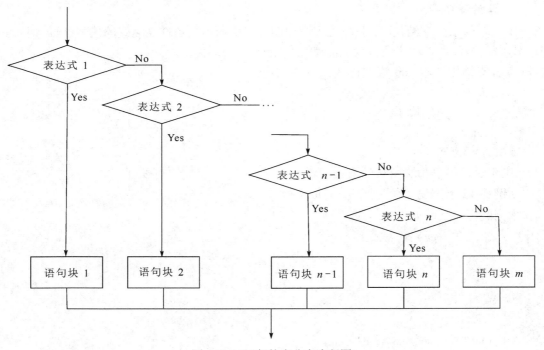

图 4.7　if 语句的多分支流程图

【例 4-5】　根据当前时间是上午、下午还是晚上，给出不同的问候信息。

两种选择结构方法如表 4.3 所示。

表 4.3　　两种选择结构方法

方 法 1	方 法 2
if 语句的单分支结构	if 语句的多分支结构

hour = int(input("hour"))
if hour <= 12:
　print("Good morning")
if (hour > 12) and (hour<18):
　print("Good afternoon")
if hour >= 18:
　print("Good Evening")
	hour = int(input("hour"))
	if hour <= 12 :
	　print("Good morning")
	elif hour < 18:
	　print("Good afternoon")
	else:
	　print("Good Evening")

程序按照三个 if 语句的顺序依次执行。例如，hour 小于 12，第一个 if 语句的判断条件 hour<=12 为 True，执行 "Good morning"；之后还要执行第二个和第三个 if 语句的判断条件。而在这种情况下，第二个和第三个 if 语句已经没有必要执行了	程序执行按照 if 语句的多分支结构执行。例如，hour 小于 12，第一个 if 语句的判断条件 hour<=12 为 True，执行 "Good morning"；之后不再执行第二个和第三个 if 语句的判断条件
三个单分支结构的 if 语句的并列使用，虽然可以实现需要的功能，但效率较低	采用 if 语句的多分支结构执行效率较快

【例 4-6】　使用百分制对应五级制。mark >= 90 为 "优秀"，80～89 为 "良好"，70～79 为 "中等"，60～69 为 "及格"，60 分以下为 "不及格"。

解析　3 种方法如表 4.4 所示。

表 4.4　　百分制转换为五级制

方 法 1	方 法 2	方 法 3

mark = int(input("输入 x 值"))
if mark >= 90:
　print("优秀")
elif mark >= 80:
　print("良好")
elif mark >= 70:
　print("中等")
elif mark >= 60:
　print("及格")
else:
　print("不及格")
	mark = int(input("输入 x 值"))
	if mark <= 60:
	　print("不及格")
	elif mark <= 70:
	　print("及格")
	elif mark <= 80:
	　print("中等")
	elif mark <= 90:
	　print("良好")
	else:
	　print("优秀")
		mark = int(input("输入 x 值"))
		if mark >= 60:
		　print("及格")
		elif mark >= 70:
		　print("中等")
		elif mark >= 80:
		　print("良好")
		elif mark >= 90:
		　print("优秀")
		else:
		　print("不及格")

思考：

3 种方法中哪个方法正确，哪个错误?为什么?

4. 分支嵌套

如果 if 的内嵌语句中又使用了一个 if 语句，则构成 if 语句的嵌套，如下所示：

```
if 表达式1：
    if 表达式2：          ┐
        语句1             │  内嵌 if
    else:                 │
        语句2             ┘
else:
    if 表达式3：          ┐
    else:                 │  内嵌 if
        语句3             │
        语句4             ┘
```

注意： 有多个条件要判断，对每一个条件的判断是在上一个条件的基础之上进行的。

【例 4-7】 购买地铁车票的规定如下：乘 1～4 站，3 元/位；乘 5～9 站，4 元/位；乘 9 站以上，5 元/位。输入人数、站数，输出应付款。本题需求分析流程图如图 4.8 所示。

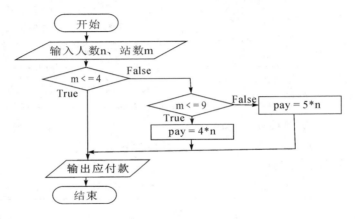

图 4.8　需求分析流程图

程序代码如下：

```
n, m = eval(input('请输入人数，站数:'))
if m <= 4:
    pay = 3*n
else:
    if m <= 9:
        pay = 4*n
    else:
        pay = 5*n
print('应付款：', pay)
```

程序运行结果如下：

```
请输入人数，站数:3,2
应付款: 9
```

4.4 循 环 结 构

循环结构是指有规律地反复执行代码块的操作。循环结构作为程序设计中最能发挥计算机特长的基本结构，可以减少重复书写程序代码的工作量。例如 4000 米的跑步，围着足球场跑道不停地跑，直到满足条件时(10 圈)才停下来。循环结构流程图如图 4.9 所示，左图中，当 P 为真时，反复执行 A，当 P 为假时，退出循环。右图中，先执行 A，再判断 P，当 P 为真时，反复执行 A，当 P 为假时，退出循环。

Python 使用 while 语句和 for 语句实现循环结构，while 循环常用于多次重复运算，而 for 循环用于遍历序列型数据。

循环结构由循环体及循环控制条件两部分组成。反复执行的语句或程序段称为循环体。循环体能否继续执行，取决于循环控制条件的真假。图 4.10 给出了构造循环结构的流程图。

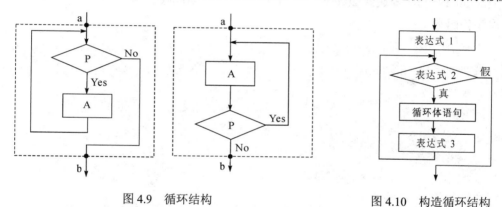

图 4.9　循环结构　　　　　　　　　　　图 4.10　构造循环结构

循环结构的关键是确定与循环控制变量有关的 3 个表达式：表达式 1、表达式 2 和表达式 3。

(1) 表达式 1　用于给循环控制变量赋初值，作为循环开始的初始条件。

(2) 表达式 2　用于判断是否执行循环体。当满足表达式 2 时，循环体反复被执行；反之，当条件表达式 2 为假时，退出循环体，不再反复执行。设想：如果表达式 2 始终为真，循环体将会一直被执行，成为"死循环"，那么如何终止循环呢?也就是说，如何让表达式 2 为假? 于是产生了表达式 3。

(3) 表达式 3　用于改变循环控制变量，终止循环体，预防"死循环"。每当循环体被执行一次，表达式 3 也被执行一次，循环控制变量的改变最终导致表达式 2 结果为假，从而终止循环。

循环分为确定次数循环和不确定次数循环。确定次数循环是指在循环开始之前就可以确定执行循环体的次数。不确定次数循环是指有些循环只知道循环结束的条件，其循环体被重复执行的次数事先并不知道，往往需要用户参与循环执行的流程控制，实现交互式循环。

Python 语言中有 while 和 for 两种循环结构。

4.5　while 语句

1. 基本形式

使用 while 语句，只要条件满足，就不断执行循环体，条件不满足时退出循环。while 语句的语法格式如下：

while 循环控制条件：
　　循环体

【例 4-8】　计算 1～100 之间所有整数之和。

解析　累加是典型的循环。通常引入变量 sum 存放部分和，变量 counter 存放"累加项"，通过"和值 = 和值 + 累加项"实现循环。counter 是循环变量，三个表达式分别是表达式 1(counter = 1)、表达式 2(counter <= N)和表达式 3(counter+ = 1)。

程序代码如下：

```
N = 100
counter = 1                    # 表达式 1，counter 为循环变量
sum = 0                        # sum 表示累加的和
while counter <= N:            # 表达式 2，counter 的变化范围从 1 到 100
    sum = sum + counter        # 部分和累加
    counter + =1               # 表达式 3，counter 的步长为 1
print("1 到 %d 之和为: %d" % (n, sum))
```

程序运行结果如下：

```
1 到 100 之和为: 5050
```

循环的单步分析如表 4.5 所示。

表 4.5　单步分析

循环变量 (counter)	表达式 2 (counter <= 100)	是否执行循环体	循环体 sum = sum + counter	表达式 3 (counter + = 1)
0	True	执行	0	1
1	True	执行	1	2
2	True	执行	3	3
3	True	执行	6	4
⋮	⋮	执行	⋮	⋮
99	True	执行	4950	100
100	True	执行	5050	101
101	False	不执行	**5050**	**101**

2. else 语句

while...else 语法是 Python 中最不常用、最会被误解的语法特性之一，其语法格式如下：

　　while 循环控制条件：

　　　　循环体

　　else：

　　　　语句

执行循环体结束后，会执行 else 语句块。

【例 4-9】　猜数游戏：在 0～9 之间猜数，若大于预设数，则显示"bigger"；若小于预设数，则显示"smaller"，如此循环，直至猜中，显示"right"。

程序代码如下：

```
num=7                              # 预设数
while True:
    guess = int(input("please input a number:"))
    if guess == num:
        print("right!")
        break;
    elif guess > num:              # 大于预设数
        print("bigger")
    else:                          # 小于预设数
        print("smaller")
```

程序运行结果如下：

```
please input a number:8
bigger
please input a number:4
smaller
please input a number:7
right!
```

3. 死循环

死循环又称无限循环，当"条件表达式"永远为真时，循环将永远不会结束。使用 while 语句构成无限循环语句的语法格式如下：

　　while True：

　　循环体

一般采用在循环体内使用 break 语句的方式强制结束死循环。

【例 4-10】　求 $2+4+6+8+\cdots+n < 100$ 成立的最大的 n 值。

解析　遍历过程以递增的方式进行，当找到第一个能使此不等式成立的 n 值时，循环过程立即停止。可使用 break 语句提前终止循环。

程序代码如下：

```
i = 2; sum = 0
```

```
    while True:
        sum+ = i
        if sum >= 100:
            break
        else:
            i+ = 2
    print("the max number is ",i)
```

程序运行结果如下：

```
the max number is    20
```

4.6　for 语句

1. 遍历循环

遍历循环是指依次访问序列(如列表、元组、字符串等)中全体元素，其语法格式如下：

```
for <variable > in < sequence>:
    < statements >
else:
    < statements >
```

【例 4-11】　for 循环语句应用于列表序列示例。

本例的程序代码如下：

```
fruits = ['banana', 'apple', 'mango']        # 列表
for fruit in fruits:
    print('fruits have :', fruit)
```

程序运行结果如下：

```
fruits have : banana
fruits have : apple
fruits have : mango
```

2. range 函数

内置函数 range 返回一个迭代器，可以生成指定范围的数字。range 函数的格式为：

```
range ([start,]end[,step])
```

其中：参数 start 和 step 是可选的，start 表示开始，默认值为 0；end 表示结束；step 表示间距，默认值为 1。函数功能是生成从 start 开始到 end 结束(不包括 end)的数字序列。

【例 4-12】　range()函数示例。

本例的程序代码如下：

```
>>> for i in range(1,5)          # 代表从 1 到 5(不包含 5)
    print(i," ", end="")
1, 2, 3, 4
```

```
>>> for i in range(1, 10, 2):     # 表示从 1 开始，跳跃为 2，到 10 为止(不包括 10)的数字序列
    print(i, " ", end = "")
1 3 5 7 9
>>> for i in range(5)             # 代表从 0 到 5(不包含 5)
    print(i," ", end = "")
0, 1, 2, 3, 4
```

4.7　循 环 嵌 套

一个循环体里面嵌入另一个循环，这种情况称为多重循环，又称循环嵌套。循环语句 while 和 for 相互嵌套应注意以下问题：

(1) 外层循环和内层循环控制变量不能同名，以免造成混乱。

(2) 循环嵌套不能交叉，在一个循环体内必须完整地包含另一个循环。

循环嵌套的语法格式如表 4.6 所示。

表 4.6　循环嵌套语法格式

while expression:
　　for iterating_var in sequence:
　　　　statements(s)
　　statements(s)
	while expression:
	　　while expression:
	　　　　statements(s)
	　　statements(s)

for iterating_var in sequence:
　　for iterating_var in sequence:
　　　　statements(s)
　　statements(s)
	for iterating_var in sequence:
	　　while expression:
	　　　　statements(s)
	　　statements(s)

二重循环需要确定外层和内层循环变量，以及内外层循环变量之间的关系，步骤如下：

步骤 1　确定其中一个循环控制变量为定值，实现单重循环；

步骤 2　将此循环控制变量从定值变化成变量，将单重循环转变为双重循环。

【例 4-13】 打印九九乘法表。

解析　九九乘法表涉及乘数 i 和被乘数 j 两个变量，其变化范围从 1 到 9。

步骤 1　先假设被乘数 j 的值不变，j=1，实现单重循环。

程序代码如下：

```
for i in range(1, 10):
    j = 1
    print(i, "*", j, " = ", i * j, "    ", end = "")
```

程序运行结果如下：

```
1*1 = 1   2*1 = 2   3*1 = 3   4*1 = 4   5*1 = 5   6*1 = 6 7*1 = 7 8*1 = 8   9*1 = 9
```

步骤 2　将被乘数 j 的定值 1 改为变量，在从 1 到 9 之间取值。

程序代码如下：

```
for i in range(1, 10):
    for j in range(1, 10):
        print('{0}*{1} = {2:2}'.format(i, j, i * j), end = "   ")    #格式化输出
print()
```

程序运行结果如下：

```
1*1=1   1*2=2   1*3=3   1*4=4   1*5=5   1*6=6   1*7=7   1*8=8   1*9=9
2*1=2   2*2=4   2*3=6   2*4=8   2*5=10  2*6=12  2*7=14  2*8=16  2*9=18
3*1=3   3*2=6   3*3=9   3*4=12  3*5=15  3*6=18  3*7=21  3*8=24  3*9=27
4*1=4   4*2=8   4*3=12  4*4=16  4*5=20  4*6=24  4*7=28  4*8=32  4*9=36
5*1=5   5*2=10  5*3=15  5*4=20  5*5=25  5*6=30  5*7=35  5*8=40  5*9=45
6*1=6   6*2=12  6*3=18  6*4=24  6*5=30  6*6=36  6*7=42  6*8=48  6*9=54
7*1=7   7*2=14  7*3=21  7*4=28  7*5=35  7*6=42  7*7=49  7*8=56  7*9=63
8*1=8   8*2=16  8*3=24  8*4=32  8*5=40  8*6=48  8*7=56  8*8=64  8*9=72
9*1=9   9*2=18  9*3=27  9*4=36  9*5=45  9*6=54  9*7=63  9*8=72  9*9=81
```

4.8　转移语句

当需要从循环体中提前跳出循环，或者在满足某种条件时，不执行循环体中的某些语句而立即从头开始新的一轮循环时，就要用到循环控制语句，即 break、continue 和 pass 语句。

1. break 语句

使用 break 语句可以提前退出循环。break 语句对循环控制的影响如图 4.11 所示。

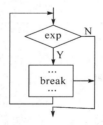

图 4.11　break 语句对循环控制的影响

说明：

(1) break 语句只能出现在循环语句的循环体中。

(2) 在循环语句嵌套使用的情况下，break 语句只能跳出它所在的循环，而不能同时跳出多层循环。

【例 4-14】　用 for 语句判断从键盘上输入的整数是否为素数。

程序代码如下：

```
I = 2
IsPrime = True
```

```
num = int(input("a number:"))
for i in range(2, num-1):
    if num % i == 0:
        IsPrime = False
        break
if IsPrime== True:
    print(num, "is prime")
else:
    print(num, "is not prime")
```

假设从键盘输入了 9，程序运行过程如表 4.7 所示。

表 4.7　程序运行过程

变量 i	表达式 num % i	布尔值 IsPrime
2	1	True
3	0	False

如果没有 break 语句，程序将按表 4.8 运行。

表 4.8　没有 break 语句的程序运行过程

变量 i	表达式 num % i	布尔值 IsPrime
2	1	True
3	0	False
4	1	False
5	4	False
6	3	False
7	2	False
8	1	False

2. continue 语句

continue 语句用于跳过当前的这次循环，直接开始下一次循环，即只结束本次循环的执行，并不终止整个循环的执行。

说明：

(1) continue 语句只能出现在循环语句的循环体中。

(2) continue 语句往往与 if 语句连用。

(3) 若执行 while 语句中的 continue 语句，则跳过循环体中 continue 语句后面的语句，直接转去判别下次循环控制条件；若 continue 语句出现在 for 语句中，则执行 continue 语句，即跳过循环体中 continue 语句后面的语句，转而执行 for 语句的表达式 3。

continue 语句对循环控制的影响如图 4.12 所示。

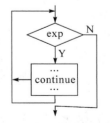

图 4.12　continue 语句对循环控制的影响

【例4-15】 求200以内能被17整除的所有正整数。

本例程序代码如下：

```
print("'Less than 200 numbers is divisible by 17:'")
for i in range(1, 201, 1):
    if i%17 != 0:
        continue
    print(i," ", end = "")
```

程序运行结果如下：

```
Less than 200 numbers is divisible by 17:
17  34  51  68  85  102  119  136  153  170  187
```

3. pass 语句

当某个子句不需任何操作时，可使用 pass 语句保持程序结构的完整性。

【例4-16】 pass 语句示例。

本例程序代码如下：

```
for letter in 'Python':
    if letter == 'h':
        pass
        print('This is pass block')
    print('Current Letter :', letter)
print("Good bye!")
```

程序运行结果如下：

```
Current Letter : P
Current Letter : y
Current Letter : t
This is pass block
Current Letter : h
Current Letter : o
Current Letter : n
Good bye!
```

课 后 习 题

1. 计算 BMI。BMI(身体质量指数)等于以千克为单位的体重除以以米为单位的身高的平方。

输入格式：体重，身高。

输出格式：BMI 值，保留 4 位小数。

输入样例：43.3　1.27。

输出样例：BMI is 26.8461。

2．计算平均分。要求读入 3 门课程的分数(整数)，计算平均分后输出，要求保留 2 位小数。

3．求三位数各位数字。输入一个任意三位整数(可正可负)，输出该数字的个位、十位和百位数字。

4．汉字表示的大写数字金额。输入一个整数金额，输出该数汉字表示的大写金额。假设金额数为正整数，且最大为 12 位数字。

输入格式：一个正整数，表示金额，最大位数为 12。

输出格式：该数汉字表示的大写金额。输出时，从第一位数字开始，后面所有的位数都需要输出，包括 0(零)。

输入样例：123456789。

输出样例：壹亿贰仟叁佰肆拾伍万陆仟柒佰捌拾玖圆。

5．找出不是公共的元素。给定两行输入数字如下，每行代表一组元素，元素间用空格分开。求两组数字中非公共的元素。

10 3 -5 2 8 0 5 -15 9 100

10 6 4 8 2 -5 9 0 100 1

输出：

3 5 -15 6 4 1

6．从键盘上输入 n 的值，计算 $s = 1 + \dfrac{1}{2!} + \cdots + \dfrac{1}{n!}$。

第 5 章　函 数 和 模 块

通常采用"分而治之"的思想解决复杂的问题，即把大任务分解为多个小任务，通过解决每个小的子任务，进而解决较大的复杂任务。函数正是实现分而治之思想的重要方法。本章介绍函数的概念、参数的传递和分类、两类特殊函数、模块等内容。

5.1　函 数 概 述

函数是一组实现某一特定功能的语句集合，是可以重复调用、功能相对独立完整的程序段。函数的优点是程序结构清晰，可读性好；减少了重复编码的工作量；可多人共同编制一个大程序，提高了程序设计的效率。

5.1.1　函数声明

函数声明是指对函数功能的确立，包括指定函数名、函数值类型、形参(形式参数)类型、函数体等。在 Python 中，函数声明的语法格式为

　　　　def <函数名> ([<形参列表>]):
　　　　　　[<函数体>]
　　　　　　[return 表达式]

说明：

(1) 函数使用关键字 def(define 的缩写)声明，函数名应为有效的标识符和圆括号()。

(2) 任何传入参数和自变量必须放在圆括号内，圆括号之间可以用于定义参数。

(3) 函数内容以冒号起始，并且缩进。

(4) 函数名下的每条语句前都要缩进，可用 Tab 键缩进，从没有缩进的第一行起，其后的语句被视为在函数体之外，是与函数同级的语句。

(5) [return 表达式]表示结束函数，选择性地返回一个值给调用方。不带表达式的 return 相当于返回 None。

【例 5-1】　函数声明示例。

本例的程序代码如下：

```
>>> def    hello():
    print("Hello World!!!")


>>> hello()
```

Hello World!!!

解析　hello 是函数的名称，后面的括号里应该是参数，这里没有，表示不需要参数。但括号和后面的冒号都不能少。

5.1.2　函数调用

下面通过函数实现海伦公式。

【例 5-2】　利用海伦公式求三角形面积。

本例程序代码如下：

```
import math
def triarea(x, y, z):
    s = (x + y + z) / 2
    print(math.sqrt((s - x) * (s - y) * (s - z) * s))
```

运行程序，输入 triarea(3, 4, 5)，结果如下：

5.0

解析　triarea(3, 4, 5)调用 triarea(x, y, z)，程序执行步骤如图 5.1 所示。

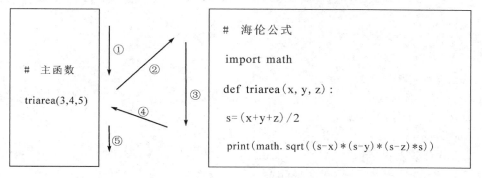

图 5.1　函数调用

函数调用步骤如下：

步骤 1　运行主函数，如图 5.1 中箭头①所示，当运行到 triarea(3, 4, 5)语句时，主函数中断，Python 寻找同名的 triarea()函数。如果没有找到，则 Python 提示语法错误。

步骤 2　找到同名函数，进行函数调用，将实参(实际参数)的值传递给形参，如图 5.1 中箭头②所示。

triarea(3, 4, 5)中 "3, 4, 5" 是实参的取值。

triarea(x, y, z)中 "x, y, z" 是形参。

在实参和形参结合时，必须遵循以下三条规则：

(1) 实参和形参个数相等。

(2) 实参和形参的数据类型依次相等。

(3) 实参依次传递给形参，其传递规则如表 5.1 所示。

步骤 3　执行海伦公式函数，如图 5.1 中的箭头③所示。

步骤 4　执行海伦公式结束，程序返回到主函数的中断处，如图 5.1 中的箭头④所示。

表 5.1   函数调用时，实参和形参传递的三条规则

三条规则	实参(3, 4, 5)	形参(x, y, z)	运 行 结 果
参数个数	3 个	3 个	个数相等
参数类型	3 为整型	x 为整型	依次类型相同
	4 为整型	y 为整型	—
	5 为整型	z 为整型	—
依次传递	—	—	x 得到 3，y 得到 4，z 得到 5

【例 5-3】 编写函数程序，求 3 个数中的最大值。

本例的程序代码如下：

```
def getMax(a, b, c):
    if a>b:
        max = a
    else:
        max = b
    if(c>max):
        max = c
    return max
a, b, c = eval(input("input a, b, c:"))
n = getMax(a, b, c)
print("max = ", n)
```

程序运行结果如下：

```
input a, b, c: 2, 4, 3
max= 4
```

注意：在 Python 中不允许前向引用，即在函数定义之前，不允许调用该函数。

5.1.3   函数返回值

函数的返回值是指函数被调用执行后，返回给主调函数的值。一个函数可以有返回值，也可以没有返回值。函数返回语句的语法格式为：

return   表达式

(1) 根据 return 语句返回结果。

【例 5-4】 编写函数程序，求两个数中的较大值。

本例的程序代码如下：

```
def max(a, b):
    if a>b:
        return a
    else:
        return b
```

```
t = max(3, 5)
print(t)
```

程序运行结果如下：

```
5
```

(2) 如果没有 return 语句，或者有 return 语句，但是 return 后面没有表达式，则返回 None。

【例 5-5】 没有 return 语句的函数示例。

本例的程序代码如下：

```
def add(a, b):
    c = a+b

t = add(3, 5)
print(t)
```

程序运行结果如下：

```
None
```

(3) 当需要从函数中返回多个值时，可以使用元组作为返回值。

【例 5-6】 编写函数程序，返回多个值。

本例的程序代码如下：

```
def getMaxMin(a):
    max = a[0]
    min = a[0]
    for i in range(0, len(a)):
        if max < a[i]:
            max = a[i]
        if min > a[i]:
            min = a[i]
    return(max, min)

a_list = [5, 8, 3, 0, -3, 93, 5]
x, y = getMaxMin(a_list)
print("最大值为", x, "最小值为", y, )
```

程序运行结果如下：

```
最大值为 93，最小值为 -3
```

5.2 参 数 传 递

实参(实际参数)是指传递给函数的值，是由调用语句传给函数的常量、变量或表达式。形参(形式参数)是在定义函数时函数名后面括号中的变量，用来接收传递的实参，它从主调程序获得初值，或将计算结果返回主调程序。

形参和实参具有以下特点：

(1) 函数在被调用前，形参只是代表了执行该函数所需要参数的个数、类型和位置，并没有具体的数值，形参只能是变量，不能是常量、表达式。只有当函数被调用时，主调用函数将实参的值传递给形参，形参才具有值。

(2) 形参只有在函数被调用时才分配内存单元，调用结束后释放内存单元，因此形参只在函数内部有效，函数调用结束返回主调用函数后则不能再使用该形参变量。

(3) 实参可以是常量、变量、表达式、函数等，无论实参是何种数据类型的变量，其他函数调用时必须是确定的值，以便把这些值传送给形参。

(4) 实参和形参在数量、类型、顺序方面应严格一致，否则会产生类型不匹配错误。

Python 具有传值方式和传址方式，传值方式是指参数是数字、字符串、元组数据类型；传址方式是指参数是列表、字典数据类型。传值方式和传址方式的实参和形参的结合方式不同，使得参数的传递对实参的值将产生不同的影响。

1. 传值方式

实参与形参的传递是"单向"的。函数调用时，Python 给每一个形参开辟一个大小与实参一样的存储单元，以将实参值的副本传给形参，形参和实参占用不同的存储单元，相互没有任何联系。当调用执行结束时，释放形参的存储单元。因此，实参的改变会影响形参的改变，而形参值的改变并不能影响实参。传值方式如图 5.2 所示。

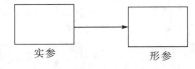

图 5.2　传值方式

【例 5-7】　传值方式示例。

本例程序代码如下：

```
def swap(a, b):
    a, b = b, a
    print("a = ", a, "b = ", b)
x, y = eval(input("please input x,y:"))
swap(x, y)
print("x = ", x, "y=", y)
```

程序运行结果如下：

```
please input x, y:3, 5
a = 5 b = 3
x = 3 y = 5
```

解析　因为 a 是数字类型，所以参数传递是传值方式，a 的值不变，输出为 5。

2. 传址方式

传址方式又称引用传递，函数调用时，实参地址传给形参，实参和形参共用同一地址的存储单元，对形参的任何操作都等同于对实参的操作，因此实参值会随着被调用函数形参值的改变而改变，参数值的传递是双向的传址方式，如图 5.3 所示。

图 5.3　传址方式

【例 5-8】 传址方式示例。

本例的程序代码如下：

```
a=[1]
def f(a):
    a[0]+=1
f(a)
print(a)
```

程序运行结果如下：

```
[2]
```

解析　因为 a 的类型是列表，所以参数传递是传址方式，a[0]的值会改变，输出为[2]。

5.3　参 数 分 类

Python 的参数分为必备参数、默认参数、关键参数和不定长参数等。

1. 必备参数

必备参数是指调用函数时，参数的个数、参数的数据类型以及参数的输入顺序必须正确，否则会出现语法错误。

【例 5-9】 必备参数示例。

本例的程序代码如下：

```
>>> def printme(str):
    print(str)
    return
>>> printme()
Traceback (most recent call last):
    File "<pyshell#40>", line 1, in <module>
        printme()
TypeError: printme() missing 1 required positional argument: 'str'
```

2. 默认参数

默认参数是指允许函数参数有缺省值，如果调用函数时不给参数传值，则参数将获得缺省值。Python 通过在函数定义的形参名后加上赋值运算符(=)和默认值，给形参指定默认参数值。

注意:　默认参数值是一个不可变的参数。

【例 5-10】 使用默认参数值示例。

本例的程序代码如下：

```
def say(message, times = 1):
    print(message * times)
# 调用函数
```

```
say('Hello')          # 默认参数 times 为 1
say('World', 5)
```

程序运行结果如下：

```
Hello
WorldWorldWorldWorldWorld
```

3. 关键参数

一般默认函数的多个参数值从左到右依次传入。而关键参数可以改变赋值顺序，关键参数又称命名参数。

【例 5-11】 使用关键参数示例。

本例的程序代码如下：

```
def func(a, b=5, c=10):
print('a is', a, 'and b is', b, 'and c is', c)
# 调用函数
func(3, 5)
func(25, c=24)
func(c=50, a=100)
```

程序运行结果如下：

```
a is 3 and b is 5 and c is 10
a is 25 and b is 5 and c is 24
a is 100 and b is 5 and c is 50
```

4. 不定长参数

不定长参数又称可变长参数。若参数以一个*号开头，则代表元组，可以接收连续一串参数。若参数以两个*号开头，则代表字典，参数的形式是"key= value"。

【例 5-12】 可变长参数示例。

本例的程序代码如下：

```
def foo(x, *y, **z):
    print(x)
    print(y)
    print(z)
```

程序运行后分别有如下三种执行效果：

(1) 输入 foo(1)，程序运行结果如下：

```
1
()
{}
```

(2) 输入 foo(1, 2, 3, 4)，程序运行结果如下：

```
1
(2, 3, 4)
{}
```

(3) 输入 foo(1, 2, 3, a="a", b="b")，程序运行结果如下：

```
1
(2, 3)
{'a': 'a', 'b': 'b'}
```

5.4　两类特殊函数

5.4.1　匿名函数

匿名函数是指不使用 def 语句，而通过 lambda 语句创建的函数。采用 lambda 表达式，简化了函数定义的语法形式，具有如下特点：

(1) 匿名函数不能包含命令；

(2) 包含的表达式不能超过一个。

匿名函数的语法格式如下：

　　　　lambda [arg1[, arg2, …, argn]]:expression

其中：冒号前是一个或多个参数，用逗号隔开；冒号后是表达式。

【例 5-13】 匿名函数示例。

本例的程序代码如下：

```
sum = lambda arg1, arg2: arg1 + arg2;
# 调用 sum 函数
print ("相加后的值为: ", sum( 10, 20 ))
```

程序运行结果如下：

```
相加后的值为:  30
```

5.4.2　递归函数

递归函数是数论函数的一种，其定义域与值域都是自然数集，只是由于构成函数的方法不同而有别于其他的函数。

【例 5-14】 计算 4 的阶乘。

解析　用循环和递归两类方法求解的过程如表 5.2 所示。

表 5.2　计 算 阶 乘

循　　环	递　　归
s = 1	def fac(n):
for i in range(1, 5):	if n==1:
s = s * i	return 1
print(s)	return n * fac(n - 1)

方法 1：通过循环语句来计算阶乘，使用该方法的前提是了解阶乘的计算过程，并可

用语句把计算过程模拟出来。

方法 2：通过递推关系将原来的问题缩小成一个规模较小的同类问题，即将 4 的阶乘问题转化为 3 的阶乘问题，则只需找到 4 的阶乘和 3 的阶乘之间的递推关系，依次类推，直到已知某一规模(当 n 为 1 时)问题的解，回归即可。这种解决问题的思想称为递归。

fac(4)递归求解如图 5.4 所示。

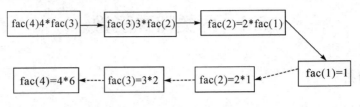

图 5.4   fac(n) = n! 递归求解图

递归算法的两个基本特征如下：

(1) 递推归纳。将问题转化为比原问题规模小的同类问题，并归纳出一般递推公式。所处理的对象要有规律地递增或递减。

(2) 递归终止。当问题规模小到一定的程度时，结束递归调用，逐层返回。常用条件语句来控制何时结束递归。

递归调用的过程类似于多个函数的嵌套调用，只不过这时的调用函数和被调用函数是同一个函数，即对同一个函数进行嵌套调用。作为多重嵌套调用的一种特殊情况，函数之间的信息传递和控制转移必须通过"栈"来实现，用于保护主调层的现场和返回地址，按照"后调用先返回"的原则，即每当函数被调用时，就为它在栈顶分配一个存储区；每当退出函数时，就释放该存储区，当前正运行的函数的数据区必须在栈顶。

【例 5-15】 求解汉诺塔问题。

传说大梵天创造世界的时候做了 3 根金刚石柱子，在一根柱子上从下往上按照大小顺序摆着 54 个黄金圆盘。大梵天命令婆罗门把圆盘从下面开始按大小顺序重新摆放在另一根柱子上，并且规定，在小圆盘上不能放大圆盘，在 3 根柱子之间一次只能移动一个圆盘。这就是汉诺塔问题，汉诺塔如图 5.5 所示。汉诺塔(又称河内塔)问题是递归函数的经典应用。

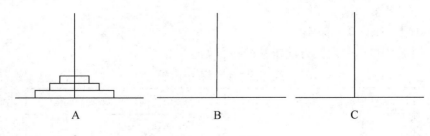

图 5.5   汉诺塔

解析   当圆盘数 $n = 3$ 时，汉诺塔问题的求解过程如图 5.6 所示。最初 A 柱子有 3 个圆盘，如图(a)所示。将 A 柱子上的 2 个圆盘借助 C 移到 B 柱子，如图(b)所示。将 A 柱子的最大圆盘移到 C，如图(c)所示。将 B 柱子的 2 个圆盘借助 A 移到 C 柱子，如图(d)所示。

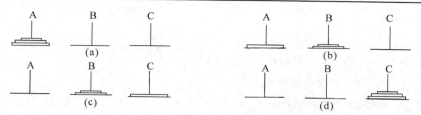

图 5.6 汉诺塔问题

下面对于汉诺塔问题进行分析：

(1) $n = 1$ 时，直接将圆盘从 A 塔移动到 C 塔。

(2) $n > 1$ 时，只要先将前 $n-1$ 个圆盘借助 C 塔从 A 塔移动到 B 塔，那么可以把第 n 个圆盘直接从 A 塔移动到 C 塔。

(3) 如何将剩下的 $n-1$ 个圆盘按照规则借助 A 塔从 B 塔移动到 C 塔，其问题性质同(2)。

算法用函数 hanoi(n, x, y, z)以递归算法实现。其中，n 代表圆盘数，x 代表源塔；y 代表借用塔；z 代表目标塔。当递归调用到盘片数为 1 时，递归终止。

算法描述如下：

(1) 递归调用 hanoi($n-1$, A, C, B)。

(2) 将 n 号圆盘从 A 塔移动到 C 塔。

(3) 递归调用 hanoi($n-1$, B, A, C)。

程序代码如下：

```python
i = 1
def move(n, mfrom, mto) :
    global i
    print("第%d 步:将%d 号圆盘从%s -> %s" %(i, n, mfrom, mto))
    i += 1


def hanoi(n, A, B, C) :
    if n == 1 :
        move(1, A, C)              # 表示只有一个圆盘时，直接将其从 A 塔移动到 C 塔
    else :
        hanoi(n - 1, A, C, B)      # 将剩下的 A 塔上的 n - 1 个圆盘借助 C 塔移动到 B 塔
        move(n, A, C)             # 将 A 塔上最后一个圆盘直接移动到 C 塔上
        hanoi(n - 1, B, A, C)     # 将 B 塔上的 n - 1 个圆盘借助 A 塔移动到 C 塔


# 调用 hanoi 函数
try :
    n = int(input("please input a integer :"))
    print("移动步骤如下:")
    hanoi(n, 'A', 'B', 'C')
except ValueError:
    print("please input a integer n(n > 0)!" )
```

程序运行结果如下：

```
please input a integer :3
移动步骤如下：
第 1 步   # 将 1 号圆盘从 A→C；
第 2 步   # 将 2 号圆盘从 A→B；
第 3 步   # 将 1 号圆盘从 C→B；
第 4 步   # 将 3 号圆盘从 A→C；
第 5 步   # 将 1 号圆盘从 B→A；
第 6 步   # 将 2 号圆盘从 B→C；
第 7 步   # 将 1 号圆盘从 A→C。
```

5.5 模　　块

模块是最高级别的程序组织单元，其将程序代码和数据封装起来以便重用。模块比函数粒度更大，一个模块可以包含若干个函数。与函数相似，模块也分系统模块和用户自定义模块，用户自定义的一个模块就是一个 .py 文件。

Python 用 import 或者 from...import 来导入相应的模块，导入方法如下：

方法 1　将整个模块(module)导入，格式为：import module。

方法 2　从某个模块中导入某个函数，格式为：from module import function。

方法 3　从某个模块中导入多个函数，格式为：from module import func1，func2。

方法 4　将某个模块中的全部函数导入，格式为：from module import*。

1. 用户自定义模块

用户建立一个模块就是建立扩展名为 .py 的 Python 程序。

【例 5-16】用户自定义模块示例。

本例的程序代码如下：

```
# 用户创建 numbers.py 文件
def divide(a, b):
    q = a/b
    r = a - q*b
    return q, r                # q 为商，r 为余数


# 主函数
import numbers                 # 调用用户自定义模块
x, y = numbers.divide(11,8)
print("%d"%x,"%d"%y,"商%d"%q,"余数%d"%r)
```

程序运行结果如下：

```
11 8 商 1 余数 3
```

注意： numbers.py 模块必须与 main.py 放置在同一个目录下。

2. 系统模块

系统模块就是标准库或者第三方库，只需要将此模块导入到当前程序，即可使用。一般有如下两种格式引入。

(1) import 模块名 1[as 别名 1]，模块名 2[as 别名 2]。

功能：导入指定模块中的所有成员(包括变量、函数、类等)。不仅如此，当需要使用模块中的成员时，需用该模块名(或别名)作为前缀，否则 Python 解释器会报错。

(2) from 模块名 import 成员名 1[as 别名 1]。

功能：只导入模块中指定的成员，而不是全部成员。同时，当程序中使用该成员时，无须附加任何前缀，直接使用成员名(或别名)即可。

注意： 用[]括起来的部分，可以使用，也可以省略。

5.6 第三方库的安装

1. pip 文件

pip 工具是 Python 的包管理工具，作为标准配件模块不需要另外安装。如果 Python 的版本是 python 2.X，可以进入网站下载安装，如图 5.7 所示。

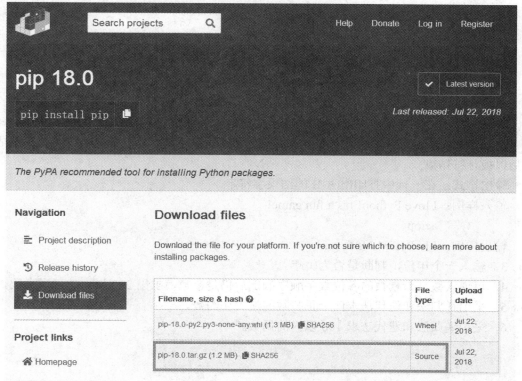

图 5.7 pip 下载网页

2. wheel 文件

wheel 文件是 Python 的一种生成包格式文件，像一种特定的 zip 文件，以 .whl 为后缀。通常使用 pip 工具安装 wheel 文件，具体安装步骤如下：

步骤 1　打开 Windows 的 DOS 操作界面，使用命令"cd"跳转到 Python 安装目录；

步骤 2　跳转到 Python 安装目录的 Scripts 子目录下，pip 安装工具就在里面；

步骤 3　子目录下有多个 pip 的 exe 文件，建议运行 pip3.4.exe 文件(和 Python 版本一样)；

步骤 4　在 DOS 下输入命令"pip3.4.exe install 文件名(完整路径)"。

3. exe 文件

Python 文件打包成 exe 应用程序文件可以使用 PyInstaller 实现。PyInstaller 是一个将 Python 文件压缩成为可执行程序(exe 文件)的软件。在命令提示符下使用命令"pip.exe install PyInstaller"安装 PyInstaller。

【例 5-17】　PyInstaller 使用示例。

将 Hello.py 打包成可执行文件，在终端的命令行输入"pyinstaller Hello.py"。

在当前的文件目录会生成两个文件夹：build 和 dist。dist 文件夹中有所有可执行文件。

另外，使用命令"pyinstaller-p"可以查看所有的可选项，以满足用户对打包的不同需求。

课 后 习 题

1．查找字符串中最长的数字子串。

输入格式：一个字符串。

输出格式：最长的数字子串；如果字符串中没有数字，则输出'No'。

输入样例：Enter 789 the final 8764end。

输出样例：8764。

2．从字符串 A 中把字符串 B 所包含的字符全删掉，剩下的字符组成的就是字符串 A-B。

输入格式：在 2 行中先后给出字符串 A 和 B。每个字符串都是由可见的 ASCII 码组成，最后以换行符结束。

输出格式：在一行中打印出 A-B 的结果字符串。

输入样例：I love Python! It's a fun game!

　　　　　aeiou

输出样例：I lv Pythn! It's fn gm!

3．输入一个年份，判断是否为闰年。

4．可逆素数是指素数的各位数字顺序颠倒后仍是素数，求出 200 以内的可逆素数。

5．采用递归法和迭代法求两个正整数的最大公约数。

6．采用递归法和迭代法求 100 以内的偶数。

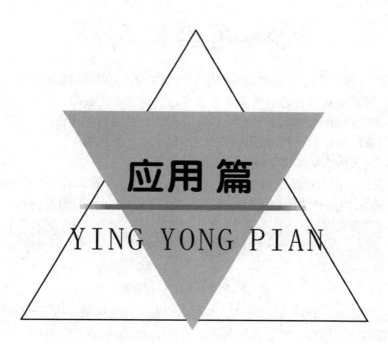

应用 篇

YING YONG PIAN

第 6 章　Python 网络爬虫

本章主要介绍网络爬虫的概念和基本流程，还介绍了正则表达式，并讲解了 requests 库、BeautifulSoup 库、Selenium 爬虫和 Scrapy 爬虫框架等相关内容。

6.1　爬　虫　简　介

Web 网页有内容、结构、表现效果和行为四个部分，如下所示：

(1) 内容：网页中直接传达给阅读者的信息，包括文本、数据、图片、音视频等。

(2) 结构：Web 页面的布局，对内容进行分类使之更具有逻辑性。

(3) 表现效果：对结构化的内容进行渲染，如字体、颜色等。

(4) 行为：网页内容的生成方式。

网络爬虫又称为网页蜘蛛或网络机器人，是一个模仿人请求网页的过程通过一定的规则自动抓取 Web 页面信息的程序。Python 网络爬虫的执行步骤如图 6.1 所示。

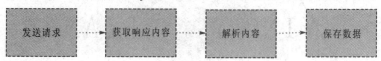

图 6.1　Python 爬虫执行步骤

步骤 1　发送请求。使用 http 向目标点发起请求，Python 提供 requests 库实现。

步骤 2　获取响应内容。服务器返回请求的数据，response 包含 html、Json 字符串、图片、视频等内容。

步骤 3　解析内容。从网页源代码中提取数据，方法如下：

(1) Python 提供 re 模块实现正则表达式。

(2) 利用 BeautifulSoup、Pyquery、lxml 等库提取网页节点等信息。

步骤 4　保存数据。保存数据为 txt 或 json 格式，也可以保存到 MySQL 和 MongoDB 等数据库。

6.2　requests 库

requests 库是用 Python 语言编写的、基于 urllib 的 HTTP 库。

在 Anaconda Prompt 下，使用命令"pip install requests"安装 requests 库，如图 6.2 所示。

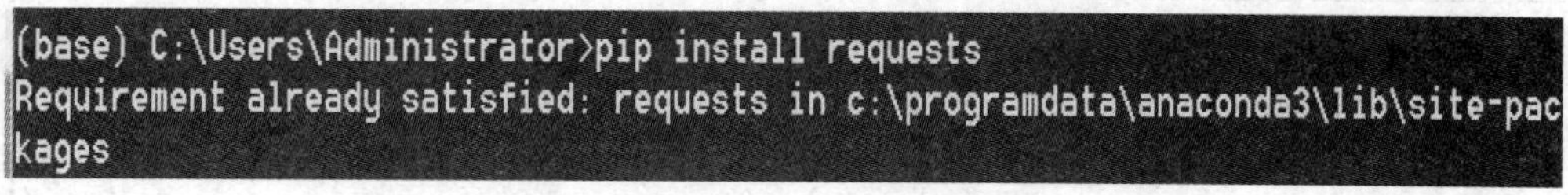

```
(base) C:\Users\Administrator>pip install requests
Requirement already satisfied: requests in c:\programdata\anaconda3\lib\site-pac
kages
```

图 6.2　安装 requests 库

requests 库的主要方法如表 6.1 所示。

表 6.1　requests 库的主要方法

方　　法	解　　释
requests.get()	获取 html 的主要方法
requests.head()	获取 html 头部信息的主要方法
requests.post()	向 html 网页提交 post 请求的方法
requests.put()	向 html 网页提交 put 请求的方法
requests.patch()	向 html 提交局部修改的请求
requests.delete()	向 html 提交删除请求

【例 6-1】　requests 库应用示例。

本例的程序代码如下：

```
import requests
r = requests.get('http://www.baidu.com')
print(r)
print(r.content)
```

代码解析如下：

第 1 行　引入 requests 包。

第 2 行　以 get 方式请求网址"https://www.baidu.com"，并将服务器返回的结果封装成对象，用变量 r 接收。

第 3 行　根据状态码判断是否请求成功，正常的状态码是 200。

第 4 行　获取网页源码。

6.3　正则表达式

6.3.1　元字符

正则表达式又称正规表示法、常规表示法，是指通过特定字符("元字符")组成的"规则字符串"对字符串进行逻辑过滤"匹配"。元字符如表 6.2 所示。

表 6.2　基 本 元 字 符

基本的元字符	
元　字　符	说　　　明
.	匹配任意单个字符
|	逻辑或运算符
[ ]	匹配该字符集合中的一个字符
[^]	排除该字符集合
-	定义一个范围(例如[A-Z])
\	对下一个字符转义
量词元字符	
元　字　符	说　　　明
*	匹配前一个字符(子表达式)的零次或多次重复
*?	*的懒惰型版本
+	匹配前一个字符(子表达式)的一次或多次重复
+?	+的懒惰型版本
?	匹配前一个字符(子表达式)的零次或一次
{n}	匹配前一个字符(子表达式)的 n 次重复
{m, n}	匹配前一个字符(子表达式)的至少 m 次且至多 n 次重复

6.3.2　re 模块

Python 的 re 模块提供了正则表达式的引擎接口，它将正则表达式编译成模式对象，执行模式匹配和字符串分割、子串替换等各类操作。

1. compile 函数

compile 函数用于编译一个正则表达式语句，并返回编译后的正则表达式对象。

compile 函数格式如下：

　　　re.compile(string[, flags])

【例 6-2】　compile 函数应用示例。

本例的程序代码如下：

```
import re
s = "this is a python test"
```

```
p = re.compile('\w+')                    # 编译正则表达式，获得其对象
res = p.findall(s)
print(res)
```

程序运行结果如下：

```
['this', 'is', 'a', 'python', 'test']
```

2. findall 函数

findall 是 re 模块中最常用的函数，用于返回 string 中所有与 pattern 匹配的全部字符串。函数返回结果是一个列表。

findall 函数格式如下：

    re.findall(pattern, string[, flags])

【例 6-3】　findall 函数应用示例。

本例的程序代码如下：

```
import re
p = re.compile(r'\d+')
print(p.findall('o1n2m3k4'))
```

程序运行结果如下：

```
['1', '2', '3', '4']
```

3. search 函数

search 函数用于匹配并提取第一个符合规则的内容，返回一个正则表达式对象。

search 函数格式如下：

    re.search(pattern, string[, flags])

【例 6-4】　search 函数应用示例。

本例的程序代码如下：

```
import re
a = "123abc456"
print(re.search("([0-9]*)([a-z]*)([0-9]*)", a).group())
print(re.search("([0-9]*)([a-z]*)([0-9]*)", a).group(1))
print(re.search("([0-9]*)([a-z]*)([0-9]*)", a).group(2))
print(re.search("([0-9]*)([a-z]*)([0-9]*)", a).group(3))
```

程序运行结果如下：

```
123abc456
123
abc
456
```

解析　group(1)列出第一个括号匹配部分，group(2)列出第二个括号匹配部分，group(3)列出第三个括号匹配部分。

4. match 函数

match 函数用于从字符串的开头开始匹配一个模式。如果匹配成功，则返回成功的对

象，否则返回 None。

match 函数格式如下：

　　re.match(pattern, string[, flags])

【例 6-5】 match 函数应用示例。

本例的程序代码如下：

```
import re
print(re.match('www', 'www.runoob.com').span())          # 在起始位置匹配
print(re.match('com', 'www.runoob.com'))                 # 不在起始位置匹配
```

程序运行结果如下：

```
(0, 3)
None
```

5. replace 函数

replace 函数用于执行查找并替换的操作，将正则表达式匹配到的字串用字符串替换。

replace 函数格式如下：

　　str.replace(regexp, replacement)

【例 6-6】 replace 函数应用示例。

本例的程序代码如下：

```
import re
str = "javascript"
print(str.replace('javascript','Python'))
print(str.replace('a', 'b'))
```

程序运行结果如下：

```
Python
Jbvbscript
```

6. split 函数

split 函数用于分割字符串，用给定的正则表达式进行分割，分割后返回结果列表。

split 函数格式如下：

　　re.split(pattern, string[, maxsplit, flags])

【例 6-7】 split 函数应用示例。

(1) 只传一个参数，默认分割整个字符串。程序代码如下：

```
str ="a, b, c, d, e"
str.split(',')
```

程序运行结果如下：

```
["a", "b", "c", "d", "e"]
```

(2) 传入两个参数，第二个参数返回限定长度的字符串。程序代码如下：

```
str ="a,b,c,d,e"
str.split(',',3)
```

程序运行结果如下：

```
["a", "b", "c"]
```

（3）使用正则表达式匹配，返回分割的字符串。程序代码如下：

```
str = "aa44bb55cc66dd"
print(re.split('\d+',str) )
```

程序运行结果如下：

```
["aa", "bb", "cc", "dd"]
```

7. sub 函数

sub 函数使用 re 替换 string 中每一个匹配的子串后返回替换后的字符串。

sub 函数格式如下：

```
re.sub(regexp, string)
```

【例 6-8】　sub 函数应用示例。

本例的程序代码如下：

```
import re
s = '123abcssfasdfas123'
a = re.sub('123(.*?)123', '1239123', s)
print(a)
```

程序运行结果如下：

```
1239123
```

re 模块的函数如表 6.3 所示。

表 6.3　re 模块的函数

函　　数	描　　　述
compile( )	根据包含正则表达式的字符串创建模式对象
findall( )	列出字符串中的所有匹配项
search( )	在字符串中寻找模式
match( )	在字符串的开始处匹配模式
split( )	根据模式的匹配项来分割字符串
sub( )	将字符串中匹配项进行替换
replace( )	将字符串中匹配项进行替换

6.3.3　实例讲解

【例 6-9】　用 requests 与 re 模块爬取数据。

采用 requests 模块和 re 模块从"中国魔方赛事网"爬取某比赛选手(如"Daichuan Tian")的信息。对中国魔方赛事网的 Python 爬虫步骤如图 6.3 所示。

图 6.3　Python 爬虫步骤

爬取后发现赛手 Daichuan Tian (田岱川)信息在第 28 页，如图 6.4 所示。

	中国	3.97	2019WCA西安十周年公开赛	2019-08-24
Shicong Ma (马世聪)				
Shizhan Ou (欧仕展)	中国	3.97	2018WCA广东实验中学公开赛	2018-03-24
Wenliang Wang (王文亮)	中国	3.97	2014WCA兰州冬季赛	2014-02-18
Xiao Sun (孙晓)	中国	3.97	2019WCA武汉秋季魔方赛	2019-10-13
Xichuan Lin (林希川)	中国	3.97	2015WCA汕头魔方公开赛	2015-08-02
Yaheng Song (宋亚恒)	中国	3.97	2018WCA武汉理工大学公开赛	2018-12-09
Yuze Lü (吕雨泽)	中国	3.97	2019WCA淄博魔方公开赛	2019-11-17
Zhengyi Zhang (张政一)	中国	3.97	2019WCA东北大学公开赛	2019-12-15
Zhiwei Zheng (郑芝伟)	中国	3.97	2011WCA沈阳公开赛	2011-10-04
Ziqi Ding	中国	3.97	Melbourne Summer 2021	2021-01-23
Zizheng Li (李子铮)	中国	3.97	2018WCA交大冬季公开赛	2018-12-30
2734　Can Zou (邹灿)	中国	3.98	2017WCA南昌魔方公开赛	2017-11-11
Chuan Luo (罗川)	中国	3.98	2017WCA南昌春季赛	2017-04-15
Daichuan Tian (田岱川)	中国	3.98	2021WCA西安樱花末时赛	2021-04-11

图 6.4　赛手信息

爬取赛手 Daichuan Tian (田岱川)信息的程序代码如下：

```
import requests
import re
import sys
t = 0
for i in range(1, 125):
url  =  "https://cubing.com/results/rankings?region = China&event= 222&gender = all&type =
single&page = " + str(int(i))
    hearders = {
        "user-agent": "Mozilla/5.0 (Linux; Android 6.0; Nexus 5 Build/MRA58N) AppleWebKit/537.36
(KHTML, like Gecko) Chrome/96.0.4664.110 Mobile Safari/537.36"}
        resp = requests.get(url,headers=hearders)
```

```
        pageSource = resp.text
        #  print(pageScoure)
        obj  =  re.compile(r' <div class = "checkbox" >.*?data-name = "(?P < name >.*?)" type =
"checkbox".*?region.*?< /td> <td>(?P <score>.*?) </td> <td >',re.S)
        result=obj.finditer(pageSource)
        for item in result:
            #  print(item.group("name"), item.group("score"))
            t=t+1
            #  print(item.group("score"))
            if(item.group("name").count("田岱川")==1):
                #  print(item.group("name"), item.group("score"))
                print("找到了\n 成绩为:", item.group("score"), end = ')
                print("s")
                print("排名为:%d\n"%t)
                #  print(item.group("score"))
                sys.exit(0)
    print("第%d 页未找到"%i)
```

程序运行结果如下：

第 1 页未找到

……

找到了

成绩为：3.98 s

排名为：2736

6.4　BeautifulSoup 库

6.4.1　BeautifulSoup 库的安装

采用正则表达式爬取网页信息步骤比较复杂且容易出错，相比之下 BeautifulSoup 简单易用，并可将 HTML 文档转换成树形结构，便于解析数据。目前最新版本为 BeautifulSoup 4.7.1，简称 bs4。

在 Anaconda Prompt 下，使用命令"pip install beautifulsoup 4"安装 BeautifulSoup，如图 6.5 所示。

图 6.5　安装 BeautifulSoup 库

　　lxml 是 BeautifulSoup 的库解析器。在 Anaconda Prompt 下，使用命令"pip install lxml"安装 lxml，如图 6.6 所示。

```
(base) C:\Users\Administrator>pip install lxml
Requirement already satisfied: lxml in c:\programdata\anaconda3\lib\site-package
s
You are using pip version 9.0.3, however version 10.0.0 is available.
You should consider upgrading via the 'python -m pip install --upgrade pip' comm
and.
```

图 6.6　安装 lxml 库

BeautifulSoup 的基本元素包含在标签树中，如图 6.7 所示。

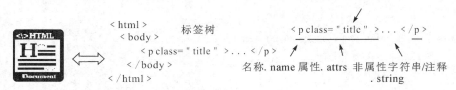

图 6.7　网页与标签树的对应关系

6.4.2　BeautifulSoup 对象

BeautifulSoup 具有 Tag、NavigableString、BeautifulSoup 和 Comment 四类对象。

1. Tag 对象

　　Tag 对象对应于 HTML 文档中的 tag 标签，如 title、head、p 等。通过 soup 加标签名获取标签的内容，查找符合要求的第一个标签，如图 6.8 所示。

```
>>> print(soup.title)
<title>The Dormouse's story</title>
>>> print(soup.head)
None
>>> print(soup.p)
<p>html = """
</p>
```

图 6.8　tag 标签

Tag 对象具有 name 和一个或多个 attributes 属性。

1) name 属性

　　语法格式：<tag>.name。soup 对象比较特殊，返回[document]。其他标签返回标签的名称，如图 6.9 所示。

```
>>> print(soup.name)
[document]
>>> print(soup.title.name)
title
```

图 6.9　name 属性

2) attributes 属性

　　语法格式：<tag>.attrs。例如，输出标签 a 的所有属性，如图 6.10 所示。

```
>>> print(soup.a.attrs)
{'href': 'http://example.com/elsie', 'class': ['sister'], 'id': 'link1'}
```

图 6.10　attributes 属性

2. NavigableString 对象

NavigableString 支持对字符串的各种导航、搜索操作，具有 parent、findAll、next.sibling 等属性和方法。例如，获取标签 b 内部的文字，如图 6.11 所示。

```
>>> print(soup.b.string)
The Dormouse's story
>>> print(type(soup.b.string))
<class 'bs4.element.NavigableString'>
```

图 6.11　NavigableString 对象

3. BeautifulSoup 对象

BeautifulSoup 对象表示文档的全部内容，支持遍历文档树和搜索文档树中大部分方法。

4. Comment 对象

可以使用 Comment 对象对文档的注释进行封装。

6.4.3　实例讲解

【例 6-10】　BeautifulSoup 模块应用示例。

本例的程序代码如下：

```python
#!/usr/bin/python
# -*- coding: UTF-8 -*-

import re

from bs4 import BeautifulSoup
html_doc = """
<html><head><title>The Dormouse's story</title></head>
<body>
<p class = "title"><b>The Dormouse's story</b></p>
<p class = "story">Once upon a time there were three little sisters; and their names were
<a href = "http://example.com/elsie" class="sister" id="link1">Elsie</a>,
<a href = "http://example.com/lacie" class="sister" id="link2">Lacie</a> and
<a href = "http://example.com/tillie" class = "sister" id = "link3">Tillie</a>;
and they lived at the bottom of a well.</p>
<p class = "story">...</p>
"""

# 创建一个 BeautifulSoup 解析对象
```

```
soup = BeautifulSoup(html_doc,"html.parser",from_encoding="utf-8")
# 获取所有的链接
links = soup.find_all('a')
print("所有的链接")
for link in links:
        print(link.name,link['href'],link.get_text())


print("获取特定的 URL 地址")
link_node = soup.find('a',href="http://example.com/elsie")
print(link_node.name,link_node['href'],link_node['class'],link_node.get_text())


print("正则表达式匹配")
link_node = soup.find('a',href=re.compile(r"ti"))
print(link_node.name,link_node['href'],link_node['class'],link_node.get_text())


print("获取 P 段落的文字")
p_node = soup.find('p',class_='story')
print(p_node.name,p_node['class'],p_node.get_text())
```

程序运行结果如下：

```
所有的链接
a http://example.com/elsie Elsie
a http://example.com/lacie Lacie
a http://example.com/tillie Tillie
获取特定的 URL 地址
a http://example.com/elsie ['sister'] Elsie
正则表达式匹配
a http://example.com/tillie ['sister'] Tillie
获取 P 段落的文字
p ['story'] Once upon a time there were three little sisters; and their names were
Elsie,
Lacie and
Tillie;
and they lived at the bottom of a well.
C:\Users\zhou\anaconda3\lib\site-packages\bs4\__init__.py:223: UserWarning: You provided Unicode
markup but also provided a value for from_encoding. Your from_encoding will be ignored.
        warnings.warn("You provided Unicode markup but also provided a value for from_encoding. Your
from_encoding will be ignored.")
```

6.5　Selenium 爬虫

6.5.1　爬取动态网页

【例 6-11】　爬取"网易云音乐"歌单示例。

"网易云音乐"首页如图 6.12 所示。采用 BeautifulSoup 爬取播放数大于 500 万的歌单，需要找到 "class = "nb" 的 span 标签。

图 6.12　"网易云音乐"首页

本例程序代码如下：

```
from urllib.request import urlopen                          # 导入 request 对象
from bs4 import BeautifulSoup                               # 导入 BeautifulSoup 对象
html =urlopen('http://music.163.com/#/discover/playlist')   # 打开 url，获取 html 内容
bs_obj= BeautifulSoup(html.read(),'html.parser')            # 把 html 内容传到 BeautifulSoup 对象
text_list=bs_obj.find_all("span","nb")                      # 找到 class="nb" 的 span 标签
for text in text_list:
    print(text.get_text())                                  # 打印 span 标签的文本
html.close()                                                # 关闭文件
```

解析　运行结果为空，表示没有爬取到数据，这是由于网易云网页是动态网页的缘故。

根据 Web 页面内容的生成方式不同，网页分为静态、动态、伪静态网页 3 大类。

(1) 静态页面以 html 文件的形式存在于 Web 服务器。

(2) 动态网页的内容和表现方式往往是分离的，页面内容存储在数据库，而网页的结构和表现方式存储在 Web 服务器，其应用架构往往采用 Client/Server/Database 模式。

（3）伪静态页面是以静态页面展现出来的，实际上采用动态脚本处理。

动态网页的内容由 JavaScript(简称 JS)等脚本语言生成带参数的 URL 发给服务器，动态加载生成。而 request 模块不能执行 JS 和 CSS 代码，无法进行爬取。可以采取 Selenium 爬取动态网页的数据，像 BeautifulSoup 一样定位 html 页面元素。

6.5.2　实例讲解

在 Anaconda Prompt 下，使用命令"pip install selenium"安装 Selenium，如图 6.13 所示。

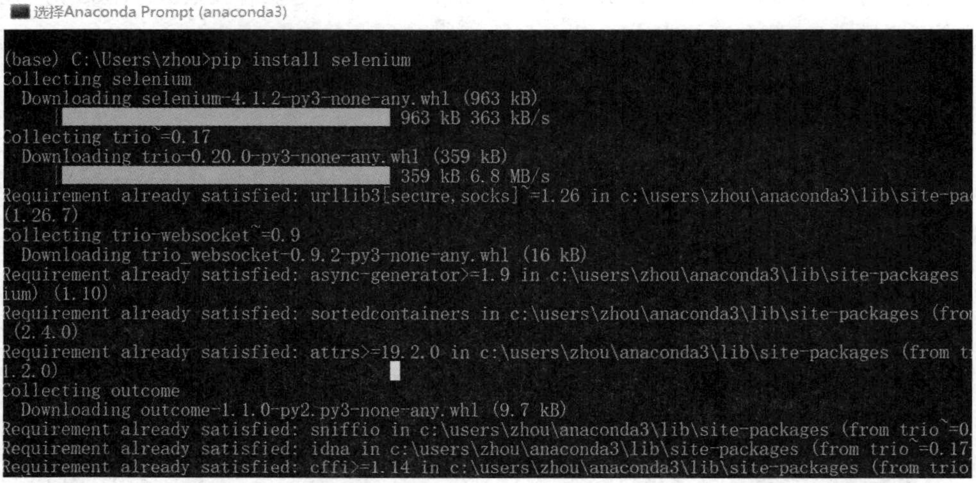

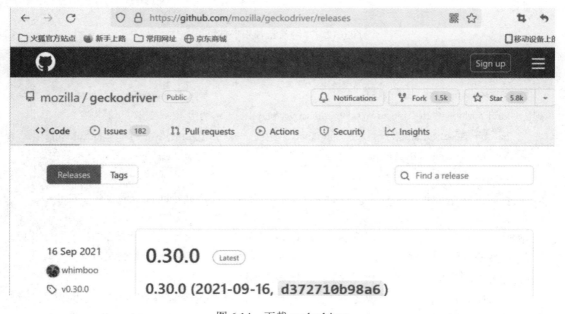

图 6.13　安装 Selenium

不同的浏览器，如 IE、Chrome、Firefox 等，WebDriver 需要不同的驱动来实现。用 Firefox 浏览器在该页面中下载 geckodriver.exe 文件，如图 6.14 所示。

图 6.14　下载 geckodriver

【例 6-12】　Selenium 应用示例。

本例程序代码如下：

```
from selenium import webdriver
# 目标网址
url = 'https://www.baidu.com/'
# 驱动火狐浏览器
driver = webdriver.Firefox(executable_path='C:\geckodriver.exe')
# 加载网址
driver.get(url)
# 隐式等待 10s
driver.implicitly_wait(10)
number = []


def repeat():
    k = 'count'
#因为百度首页将热搜序号 1 2 3 分别以 1 3 5 序号排在 list，步长为 2 循环
for i in range(1, 7, 2):
        element_odd = driver.find_element_by_css_selector('li.hotsearch-item:nth-child(' + str(i) + ')')
        print(element_odd.text)
    for j in range(2, 8, 2):
        element_even = driver.find_element_by_css_selector('li.hotsearch-item:nth-child(' + str(j) + ')')
         print(element_even.text)
        if j == 6:
            # 每次循环完一个页面就往列表中加个字符串
            number.append(k)
            if len(number) <= 5:
                number.append(k)
                # 通过 css 选择器获取"换一换"按钮，再通过 click()模拟点击
                driver.find_element_by_css_selector('#hotsearch-refresh-btn > i:nth-child(1)').click()
                # 循环结束条件是列表的长度小于等于 5
                repeat()
# 运行 repeat()
repeat()
```

程序运行结果如图 6.15 所示。

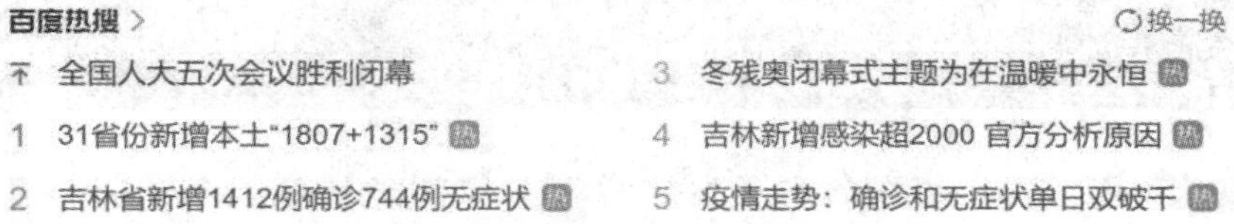

图 6.15　程序运行结果

6.6　爬虫框架 Scrapy

6.6.1　Scrapy 的安装

Scrapy 是 Python 开发的爬出框架，用于爬取 Web 页面中结构化的数据。在 Anaconda Prompt 下，使用命令"pip install scrapy"安装 Scrapy，若出现错误提示则采取步骤如下：

步骤 1　运行 Python，执行"import platform"和"platform.architecture()"，如图 6.16 所示。

```
>>> import platform
>>> platform.architecture()
('64bit', 'WindowsPE')
```

图 6.16　文件内容

步骤 2　在网页中下载对应版本的 Twisted 和 Scrapy，如图 6.17 所示。

```
Twisted, an event-driven networking engine.
Twisted-17.9.0-cp27-cp27m-win32.whl
Twisted-17.9.0-cp27-cp27m-win_amd64.whl
Twisted-17.9.0-cp34-cp34m-win32.whl
Twisted-17.9.0-cp34-cp34m-win_amd64.whl
Twisted-17.9.0-cp35-cp35m-win32.whl
Twisted-17.9.0-cp35-cp35m-win_amd64.whl
Twisted-17.9.0-cp36-cp36m-win32.whl
Twisted-17.9.0-cp36-cp36m-win_amd64.whl
Twisted-17.9.0-cp37-cp37m-win32.whl
Twisted-17.9.0-cp37-cp37m-win_amd64.whl                    Scrapy-1.5.0-py2.py3-none-any.whl
```

图 6.17　下载 Twisted 和 Scrapy

步骤 3　用命令"pip install"安装 wheel，如图 6.18 所示。

```
(base) C:\Users\Administrator>pip  install wheel
Requirement already satisfied: wheel in c:\programdata\anaconda3\lib\site-packag
es
You are using pip version 9.0.3, however version 10.0.0 is available.
You should consider upgrading via the 'python -m pip install --upgrade pip' comm
and.
```

图 6.18　安装 wheel

步骤 4　用命令"pip install"安装带后缀 .whl 的 Twisted 文件，如图 6.19 所示。

```
(base) C:\Users\Administrator>pip install d:\Twisted-17.9.0-cp36-cp36m-win_amd64
.whl
Processing d:\twisted-17.9.0-cp36-cp36m-win_amd64.whl
Requirement already satisfied: incremental>=16.10.1 in c:\programdata\anaconda3\
lib\site-packages (from Twisted==17.9.0)
```

图 6.19　安装带后缀.whl 的 Twisted 文件

步骤 5　利用"pip install Scrapy-1.5.0-py2.py3-none-any.whl"安装 Scrapy，如图 6.20

所示。至此，Scrapy 安装成功。

```
Installing collected packages: Scrapy
Successfully installed Scrapy-1.5.0
```

图 6.20　Scrapy 安装成功

6.6.2　实例讲解

Scrapy 的执行步骤如下：

步骤 1　引擎从调度器中取出一个链接(URL)用于爬取。

步骤 2　引擎把 URL 封装成一个请求(request)传给下载器。

步骤 3　下载器下载资源，封装成应答包(response)。

步骤 4　爬虫解析 response。

步骤 5　解析出实体(Item)，交给实体管道进一步处理。

步骤 6　解析出链接(URL)，交给调度器等待爬取。

Scrapy 具有如图 6.21 所示的命令。

```
(base) C:\Users\zhou>Scrapy
Scrapy 1.5.0 - no active project

Usage:
  scrapy <command> [options] [args]

Available commands:
  bench         Run quick benchmark test
  fetch         Fetch a URL using the Scrapy downloader
  genspider     Generate new spider using pre-defined templates
  runspider     Run a self-contained spider (without creating a project)
  settings      Get settings values
  shell         Interactive scraping console
  startproject  Create new project
  version       Print Scrapy version
  view          Open URL in browser, as seen by Scrapy

  [ more ]      More commands available when run from project directory

Use "scrapy <command> -h" to see more info about a command
```

图 6.21　Scrapy 命令

【例 6-13】　用 Scrapy 框架爬取豆瓣电影信息。

豆瓣电影 TOP250 具有电影相关信息如电影排名、电影名称、电影评分、电影评论数等，采用 Scrapy 爬取电影信息的步骤如下：

步骤 1　创建爬虫项目和爬虫。

程序代码如下：

```
scrapy startproject DoubanMovieTop
```

此命令会创建如下文件：

```
cd DoubanMovieTop

scrapy genspider douban

修改默认 "user-agent" 和 reboots 为 True
```

修改 settings.py 文件以下参数：

USER_AGENT = 'Mozilla/5.0 (Windows NT 10.0; Win64; x64) AppleWebKit/537.36 (KHTML, like Gecko) Chrome/74.0.3729.131 Safari/537.36'

说明：

(1) scrapy.cfg：项目的配置信息。

(2) items.py：设置数据存储模板，用于保存爬取数据，其内容根据爬取的数据而定义。

(3) pipelines：数据处理行为，如一般结构化的数据持久化。

(4) settings.py：爬虫相关配置文件，如递归的层数、并发数，延迟下载等。

(5) spiders：爬虫目录，如创建文件，编写爬虫规则等。

步骤 2　设置数据存储模板，填写：item.py 文件。

```python
import scrapy
class DoubanmovietopItem(scrapy.Item):
    # define the fields for your item here like:
    # name = scrapy.Field()
    #排名
    ranking = scrapy.Field()
    #电影名称
    movie_name = scrapy.Field()
    #评分
    score = scrapy.Field()
    #评论人数
    score_num = scrapy.Field()
```

步骤 3　编写爬取网站的 Spiders 文件，代码如下：

```python
# -*- coding: utf-8 -*-
import scrapy
from DoubanMovieTop.items import DoubanmovietopItem


class DoubanSpider(scrapy.Spider):
    name = 'douban'
    #allowed_domains = ['movie.douban.com']
    def start_requests(self):
        start_urls = 'https://movie.douban.com/top250'
        yield scrapy.Request(start_urls)

    def parse(self, response):
        item = DoubanmovietopItem()
        movies = response.xpath('//ol[@class = "grid_view"]/li')
        for movie in movies:
```

```
item['ranking'] = movie.xpath('.//div[@class = "pic"]/em/text()').extract()[0]
item['movie_name'] = movie.xpath('.//div[@class = "hd"]/a/span[1]/text()').extract()[0]
item['score'] = movie.xpath('.//div[@class = "star"]/span[@class = "rating_num"]/text()').
extract()[0]

item['score_num'] = movie.xpath('.//div[@class = "star"]/span/text()').re(r'(\d+)人评价')[0]
yield item

next_url = response.xpath('//span[@class="next"]/a/@href').extract()
if next_url:
    next_url = 'https://movie.douban.com/top250' + next_url[0]
        yield scrapy.Request(next_url)
```

执行如下命令，将爬取数据写入 douban.csv 文件。

```
scrapy crawl douban -o douban.csv
```

基于 requests 方法的匹配规则使用正则表达式，学习成本较高，且写出的表达式不易阅读。当目标内容唯一特征不易寻找时，正则表达式的编写较为困难。

基于 BeautifulSoup 方法的匹配规则使用 BeautifulSoup 模块提供的函数，学习成本较低，且写出的代码易于阅读。

基于 Scrapy 方法的匹配规则使用 Xpath，使用较为简单，通过利用标签节点路径检索内容，代码易于阅读，编写难度较低。

因此，爬虫总结如表 6.4 所示。

表 6.4　爬 虫 总 结

爬 取 方 法	编写难易程度	稳 定 性		运 行 速 度
		运行时	网页结构更改	
基于 requests	较难	较高	较弱	较快
基于 Scrapy	简单	较高	一般	快
基于 BeautifulSoup	较简单	较高	较好	较慢

课 后 习 题

1．Python 爬虫的流程是什么?

2．什么是正则表达式?

3．BeautifulSoup 的功能是什么?

4．针对动态网页，应该使用什么爬虫方法?

第 7 章　Python 与数据分析

　　本章首先介绍了数据分析的相关概念，其次介绍了 NumPy、Matplotlib、Pandas、Seaborn、SciPy、Sklearn 等 Python 数据分析库，数据分析流程，最后介绍了数据分类、数据统计量、数据可视化和数据分析流程等内容。

7.1　数据分析概述

　　数据科学包括人工智能、机器学习、深度学习、统计、数据挖掘等，其相互关系如图7.1 所示。

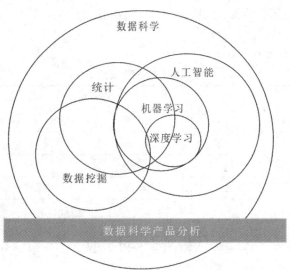

图 7.1　数据科学关系图

　　数据挖掘与数据分析较为相似，都是基于搜集来的数据，使用数学、统计、计算机等技术，对数据进行详细研究和概括总结，抽取数据中的有用信息，为决策提供依据和指导方向。狭义的数据分析是指根据分析目的，采用对比分析、分组分析、交叉分析和回归分析等分析方法，从数据中提取有价值的信息，得出特征统计量。广义的数据分析包括传统机器学习中的数据处理等。数据分析是数学与计算机科学相结合的产物，其数学基础在 20 世纪早已实现，但随着计算机"算力"的提升才使得数据分析得以推广。数据挖掘是指从大量的、不完整的、有噪声的、模糊和随机的数据中提取隐含其中的、潜在有用的信息和知识的过程。数据分析与数据挖掘的区别如表 7.1 所示。

表 7.1　　数据分析与数据挖掘的区别

	数 据 分 析	数 据 挖 掘
定义	描述和探索性分析，评估现状和修正不足	技术性"采矿"过程，发现未知模式和规律
技能	统计学、数据库、Excel、可视化	数学功底和编程技术
结果	需要结合业务知识解读统计结果	模型或规则

7.2　Python 数据分析库

Python 数据分析相关扩展库如表 7.2 所示。

表 7.2　Python 数据分析相关扩展库

库　　名	简　　介
NumPy	提供数组支持以及相应的高效处理函数
Matplotlib	数据可视化工具、作图库
Pandas	数据分析、数据处理和数据清洗工具
Seaborn	数据可视化工具、作图库
SciPy	提供矩阵支持以及矩阵相关的数值计算模块
Sklearn	机器学习库

在 Anaconda Prompt 下，输入"conda list"，可以查看 Anaconda 包含的科学计算包，如图 7.2 所示。

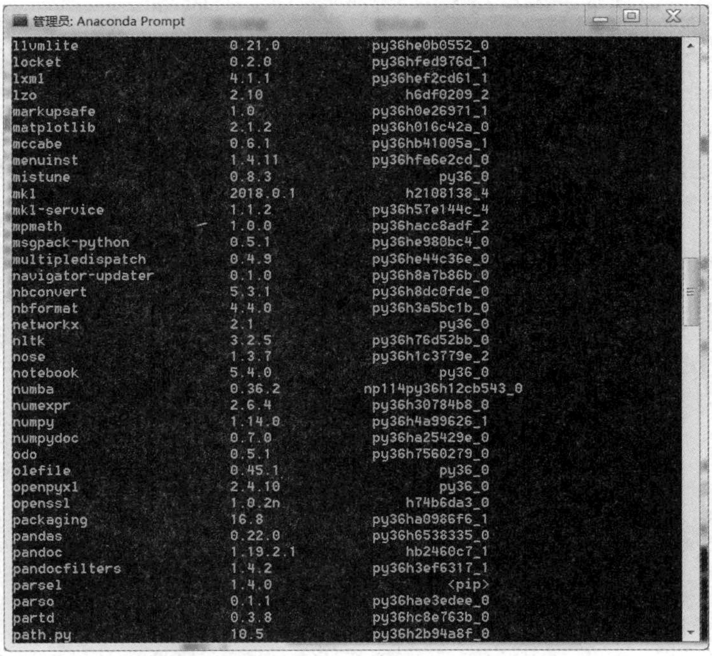

图 7.2　Anaconda 包含的科学计算包

1. NumPy

NumPy(Numerical Python)是 Python 的开源数字扩展，定义了数值数组和矩阵类型以及基本运算的语言扩展，用于矩阵数据、矢量处理等。

NumPy 的官方网址为"http://www.numpy.org/"，其网站页面如图 7.3 所示。

图 7.3　NumPy 官网

2. Matplotlib

Matplotlib 是可视化数据的最基本库，提供了一套在 Python 下实现的类似 Matlab 的第三方库，可进行交互式图表绘制。Matplotlib 模块依赖于 NumPy 和 Tkinter 模块，可以绘制线图、直方图、饼图、散点图以及误差线图等。Matplotlib 官方网址为"http://matp/otlib.org/"，其网站页面如图 7.4 所示。

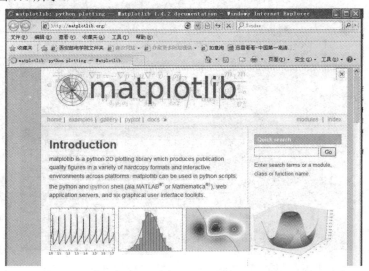

图 7.4　Matplotlib 网站

3. Pandas

Pandas 的命名来源于面板数据(Panel Data)和 Python 数据分析(Data Analysis)。作为 Python 进行数据分析和挖掘的数据基础平台和事实上的工业标准，Pandas 支持关系型数据的增、删、改、查；具有丰富的数据处理函数、支持时间序列分析功能、灵活处理缺失数据等特点。

Pandas 的官方网址为"https://pandas.pydata.org/"，其网站首页如图 7.5 所示。

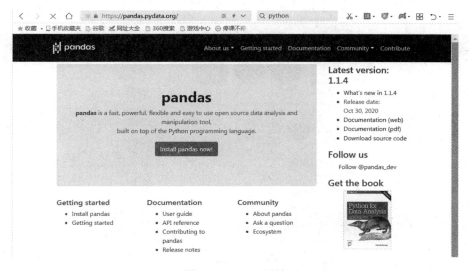

图 7.5　Pandas 网站

4. Seaborn

Seaborn 是图形可视化 Python 包，在 Matplotlib 基础上高度兼容 NumPy 与 Pandas 数据结构以及 SciPy 等统计模式，相对 Matplotlib、Seaborn 绘图更加容易。Seaborn 官方网址是"http://seaborn.pydata.org/"，其网站首页如图 7.6 所示。

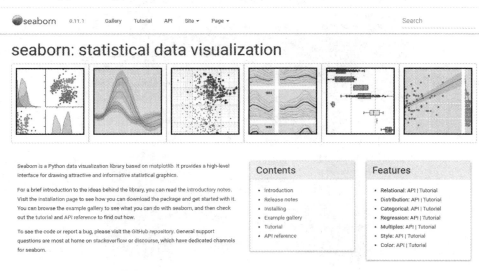

图 7.6　Seaborn 网站

5. SciPy

SciPy 是一款用于数学、科学和工程领域的 Python 工具包，可实现插值、积分、优化、图形处理、常微分方程求解等功能。SciPy 具有 stats(统计学工具包)、scipy.interpolate(插值、线性的、三次方)、cluster(聚类)、signal(信号处理)等模块。

SciPy 官方网址为"http://scipy.org"，其网站首页如图 7.7 所示。

图 7.7　SciPy 网站

6. Sklearn

Sklearn(又称为 scikit-learn)是专门面向机器学习的 Python 开源框架，基于 NumPy、SciPy 和 Matplotlib 库，具有分类、回归、聚类、数据降维、模型选择和数据预处理六大部分。

Sklearn 官方网址为"https://scikit-learn.org/stable/"，其网站首页如图 7.8 所示。

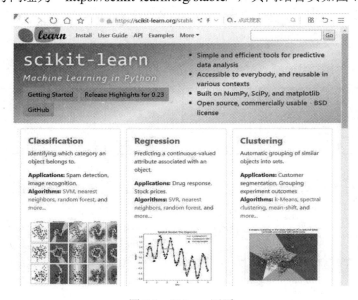

图 7.8　Sklearn 网页

7.3　数 据 分 类

数据可分为三种类型：定类数据、定序数据和定量数据。

(1) 定类数据：表示个体在属性上的特征和类别上的不同变量。它只是一种标志，没有次序关系，是不可以直接测量的数据，如外貌、出生地等。

(2) 定序数据：表示个体在某个有序状态中所处位置的变量。它不能直接用于四则运算，如学历分为初中、高中、大学、硕士、博士等。

(3) 定量数据：又称为定距数据，是具有间距特征的变量，是可以直接测量的数据，如身高、体重、气温等。

数据分析中，往往需要将数据类型统一用数值来表示，定量数据对应于连续型数据；定类数据和定序数据通过编码转换为离散型数据。

7.4　数 据 统 计 量

数据统计量包括极差、平均数、中位数、众数、方差、协方差和皮尔逊相关系数等。

1. 极差

极差又称范围误差或全距，是最大值与最小值的差距，用来衡量指定变量间的差异变化范围，和标志值变动的最大范围。通常极差越大，样本变化范围越大。

2. 平均数

平均值用于测量数据集中趋势，其计算公式是所有数据之和除以数据的个数。

3. 中位数

中位数将样本数值集合划分为数量相等或相差 1 的上下两部分。对于有限的数集，可以通过把所有观察值按高低排序后，找出正中间的一个观察值作为中位数。如果观察值有偶数个，通常取最中间的两个数值的平均数作为中位数。

4. 众数

众数是样本观察值在频数分布表中频数最多的那组数，例如：1、2、2、2、3、3、4 的众数是 2。如果所有数据出现的次数都一样，那么这组数据没有众数，例如：1，2，3，4、5 就没有众数。

5. 方差

方差是实际值与期望值之差的平方的平均值，是在概率论和统计中衡量随机变量或一组数据的离散程度的量。

6. 协方差

协方差用于衡量两个变量的总体误差，反映两个变量是否相对它们各自平均值有一致行为。

(1) 如果两个变量同时处于平均值之上或之下，则两个变量就是正关联性。

(2) 如果两个变量一个处于平均值之上，另一个处于平均值之下，则两个变量就是负关联性。

当两个变量相同时，协方差就是方差。

7. 皮尔逊相关系数

皮尔逊相关系数($\rho_{X,Y}$)度量两个变量之间的相关程度，计算公式如下：

$$\rho_{X,Y} = \frac{\text{cov}(X, Y)}{\sigma_X \sigma_Y}$$

$\rho_{X,Y}$是指两个连续变量(X, Y)的协方差 cov(X, Y)除以各自标准差的乘积($\sigma_X \sigma_Y$)，其值介于 -1 与 $+1$ 之间，表示两个变量存在一定程度的相关。｜$\rho_{X,Y}$｜越接近 1，两个变量间线性关系越密切；$\rho_{X,Y}$越接近于 0，表示两个变量的线性相关越弱。$\rho_{X,Y}$具有如下性质：

(1) 当 $\rho_{X,Y} > 0$ 时，表示两个变量正相关，当 $\rho_{X,Y} < 0$ 时，表示两个变量负相关。
(2) 当 ｜$\rho_{X,Y}$｜ = 1 时，表示两个变量完全相关。
(3) 当 $\rho_{X,Y} = 0$ 时，表示两个变量无相关关系。

7.5　数据可视化

7.5.1　概述

数据可视化是指将大量集中的数据以统计图表和图形图像的形式呈现。数据可视化起源于计算机图形学，通过计算机创建图形图表，将数据的各种属性通过饼图、直方图、散点图、柱状图等统计图表实现可视化。

根据目地的不同，对同一份数据可以采用多种可视化呈现形式，如下所述：

(1) 若要观测和跟踪数据，则采用实时性、可读性强的图表。
(2) 若要分析数据，强调数据的呈现度，则采用可以检索和交互式的图表。
(3) 若要表现数据之间的潜在关联，则采用分布式的多维图表。
(4) 颜色丰富、具有吸引力的图表可帮助普通用户快速理解数据的含义或变化。

Python 提供的 Matplotlib、Seaborn、Pandas、SciPy 等库，通过各种图表展现不同数据类型，揭示数据背后的规律。

(1) 离散型数据：饼图、条形图。
(2) 数值型数据：直方图、核密度图、箱形图、小提琴图、折线图。
(3) 关系型数据：散点图、气泡图、热力图。

7.5.2　各类图

1. 折线图

折线图又名线形图或折线统计图，是以折线的上升或下降表示数量变化的统计图。折线图不仅可以表示数量的多少，而且可以反映同一事物在不同时间里的发展变化情况，显示数据的变化趋势。折线图如图 7.9 所示。

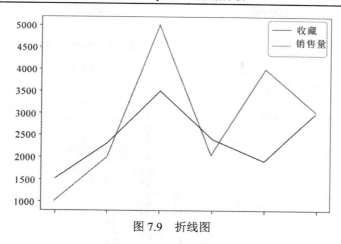

图 7.9　折线图

2. 饼图

饼图属于最传统的统计图形之一，它是一个被分成若干部分的圆，每个部分代表变量在整个值中所占的比例，通常用于显示简单的总数细分，反映部分与部分、部分与总体的比例关系。但饼图不适用于对比差异不大或水平值过多的离散型变量。饼图如图 7.10 所示。

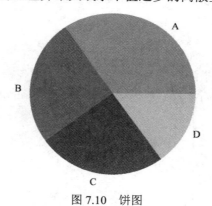

图 7.10　饼图

3. 散点图

散点图又称散点分布图，用于表示多个变量之间的相关性，以及数据之间的正负相关、集群和异常值等，但是相关性并不意味着因果关系，故散点图不适用于清晰表达信息的场景。散点图如图 7.11 所示。

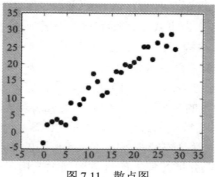

图 7.11　散点图

4. 直方图

直方图又称质量分布图，它是由一系列高度不等的纵向条纹和线段来表示数据分布形态的，横轴表示数据所属类别，纵轴表示数量或者占比。通过直方图可以了解数据分布的集中或离散状况。直方图如图 7.12 所示。

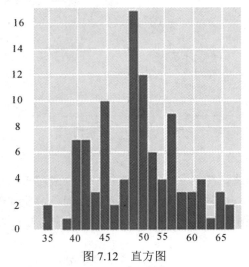

图 7.12　直方图

5. 核密度图

核密度图一般与直方图搭配使用，以显示数据分布的疏密程度。核密度图显示为拟合后的曲线，曲线的"峰"越高，表示数据越密集。核密度图如图 7.13 所示。

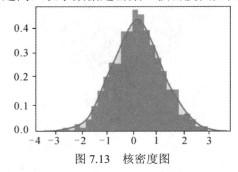

图 7.13　核密度图

6. 条形图

通过条形图可以清楚地表明各种数据数量的多少，易于比较数据之间的差别。按照排列方式的不同，条形图可分为纵式条形图和横式条形图；按照分析作用的不同，条形图可分为条形比较图和条形结构图。

条形图与直方图较为类似，两者区别如下：

(1) 条形图是用条纹的长度表示各类别频数的多少的，其宽度(表示类别)固定；直方图是用矩形面积表示各类别频数的多少的，矩形的高度表示每一类别的频数或频率，宽度则表示各类别的组距(每组的最高数值与最低数值之间的距离)，因此其高度与宽度均有意义。

(2) 直方图的各个矩形通常是连续排列的，而条形图的条纹则是分开排列的。

(3) 条形图主要用于表示分类数据，而直方图则主要用于表示数据型数据。条形图如

图 7.14 所示。

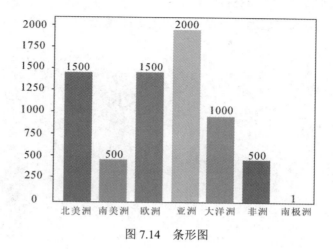

图 7.14　条形图

7. 面积图

面积图又称区域图，用于表示数量随时间而变化的程度，关注总值趋势，展示局部与整体的关系，如图 7.15 所示。面积图具有如下优点：

(1) 比折线图看起来更加美观。

(2) 能够突出每个类别所占据的面积，便于把握整体趋势。

(3) 不仅可以表示数量的多少，而且可以反映同一事物在不同时间里发展变化的情况。

(4) 可以纵向与其他类别进行比较，能够直观地反映出差异。

8. 热力图

热力图又称热点图，也称为交叉填充表，用于表示两个离散变量的组合关系，通过每个单元格颜色的深浅来表示数值的高低以及差异情况。热力图如图 7.16 所示。

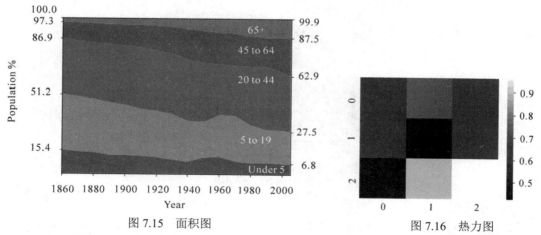

图 7.15　面积图　　　　　　　　　　　　　图 7.16　热力图

9. 小提琴图

小提琴图因其形似小提琴而得名。小提琴图是箱形图与核密度图的结合，箱形图用于表示分位数的位置，核密度图则用于表示任意位置的密度。通过小提琴图可以知道哪些位置聚集了较多的数据点。小提琴图的外围曲线宽度代表数据点分布的密度，图中的白点是中位数，黑色盒形的范围是上四分位点和下四分位点，细黑线是须，表示离群点的离群程度，须越长表示离群点离群越远。小提琴图如图 7.17 所示。

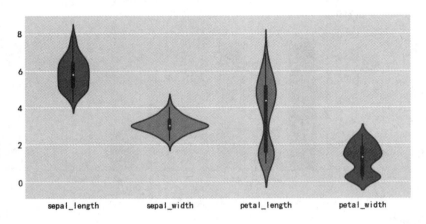

图 7.17　小提琴图

10. 六边形分箱图

六边形分箱图也称六边形箱体图，简称六边形图，是一种以六边形为主要元素的统计图表。六边形分箱图既是散点图的延伸，又兼具直方图和热力图的特征。当数据过于密集而无法单独绘制每个点时，六边形图可以替代散点图。六边形分箱图如图 7.18 所示。

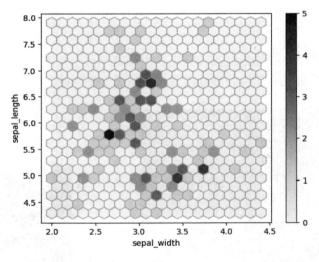

图 7.18　六边形分箱图

11. 箱形图

箱形图又称为盒须图、盒式图或箱线图，主要用于分析数据内部的分布状态或分散状态。不同于折线图、柱状图或饼图等传统图表只是数据大小、占比、趋势的呈现，箱形图包含统计学的均值、分位数、极值等统计量，用于分析不同类别数据平均水平的差异，展示属性与中位数的离散速度以及数据间离散程度、异常值、分布差异等。箱形图是一种基于"五位数"摘要显示数据分布的标准化方法，如图 7.19 所示。

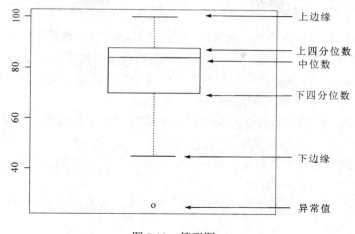

图 7.19　箱形图

1) 箱形图的参数

箱形图有如下五个参数:

(1) 下边缘(Q_1),表示最小值。

(2) 下四分位数(Q_2),又称第一四分位数,指由小到大排列后处于整体的 25%处数字。

(3) 中位数(Q_3),又称"第二四分位数",指由小到大排列后处于整体的 50%处数字。

(4) 上四分位数(Q_4),又称"第三四分位数",指由小到大排列后处于整体的 75%处数字。

(5) 上边缘(Q_5),表示最大值。

2) 箱形图的功能

箱形图具有如下独特功能:

(1) 识别数据异常值。通过箱形图判断异常值的标准以四分位数和四分位距为基础,当数据在箱形图中超过上四分位或下四分位数 1.5 倍 IQR(IQR 用于表示数据分散程序的量,计算公式:$IQR = Q_3 - Q_1$)时,即小于 $Q_1 - 1.5IQR$ 或大于 $Q_3 + 1.5IQR$ 的值被认为是异常值。

(2) 查看偏态和尾重。

(3) 了解数据的形状。

7.6　数据分析流程

数据分析流程有三个步骤:(1) 明确目标与获取数据;(2) 数据处理与数据分析;(3) 性能评估。下面分别介绍这三个步骤。

1. 明确目标与获取数据

数据分析的第一步是理解题意,明确数据分析的对象、目标或任务,按照数据分析目标的要求,进行数据的收集与整理。获取数据是数据分析的基础,数据的数量和质量决定最终模型的性能好坏。数据的来源有多种途径,如数据库、网络爬取或者数据集(如 Sklearn 自带数据集、Kaggle 等)。

2. 数据处理与数据分析

数据集往往存在大量异常值、缺失值等"脏"数据，对于数据分析的结果有不利影响，因此必须进行数据处理，又称为"数据清洗"，即对数据进行标准化、归一化等操作。Pandas、Sklearn 等 Python 第三方库提供了相关函数，可确保数据质量，便于进行数据统计与分析。

数据分析的基本任务是解决以下问题。

(1) 分类问题：回答"是什么"的问题。根据数据样本预测出其所属的类别。例如，手写数字识别问题，将目标对象划分到特定的类。

(2) 回归问题：回答"是多少"的问题。根据数据样本预测出一个数量值。例如，预测机器价格，得到一个最终数值。

(3) 聚类问题：回答"怎么分"的问题。确保同类数据样本之间相似度高，不同类数据的样本差异性大。

3. 性能评估

机器学习模型对某个数据的预测结果与该样本的真实结果之间的差异称为误差。对模型的评价有很多方法。对于分类问题，常见的评价标准有正确率、准确率、召回率和 ROC 曲线与 AUC 面积等。对于回归问题，往往使用均方误差和回归损失函数等作为评价指标。最终将数据分析报告以图表、表格、文字等方式呈现。

课 后 习 题

1. 数据分析与数据挖掘的关系是什么？
2. 数据可以分为几类？
3. 中位数与平均值在什么情况下是相等的？
4. 数据分析的流程是什么？
5. 了解各类图的使用场合和功能特点。

第 8 章　NumPy

NumPy 作为数据分析的基本工具，具有数值计算、矩阵操作等功能。本章介绍了使用 NumPy 中 ndarray 对象，实现数组算术运算、索引和切片，以及创建数组、数组变换、数据处理和统计。

8.1　认识 NumPy

NumPy 作为 Python 科学计算最核心的扩展库，用于科学分析和建模。NumPy 是在 Python 的 Numeric 数据类型的基础上，引入 SciPy 模块数据处理的功能，极大简化了数值数组和矩阵类型的运算、矢量的操作处理方式等。

在 Anaconda Prompt 下，使用命令"pip install numpy"安装 NumPy，如图 8.1 所示。

图 8.1　安装 NumPy

NumPy 的相关方法如表 8.1 所示。

表 8.1　NumPy 相关方法

方　法	含　义
numpy.array	创造一组数
numpy.random.normal	创造一组服从正态分布的定量数
numpy.random.randint	创造一组服从均匀分布的定性数
numpy.mean	计算均值
numpy.median	计算中位数
numpy.ptp	计算极差
numpy.var	计算方差
numpy.std	计算标准差
numpy.cov	计算协方差
numpy.corrcoef	计算相关系数

8.2 ndarray 对象

1. 认识 ndarray 对象

NumPy 通过 array 函数实现同类型多维数组 ndarray，其语法格式如下：

numpy.array(object, dtype = None, copy=True, order=None, subok=False, ndmin=0)

array 函数参数说明如表 8.2 所示。

表 8.2　array 函数参数说明

名　称	描　述
object	数组或嵌套的数列
dtype	数组元素的数据类型，可选
copy	对象是否需要复制，可选
order	创建数组的样式，C 为行方向，F 为列方向，A 为任意方向(默认)
subok	默认返回一个与基类类型一致的数组
ndmin	指定生成数组的最小维度

【例 8-1】 array 函数应用示例。

本例的程序代码如下：

```
import numpy as np
a = np.array([1, 2, 3])
b = np.array([[1, 2], [3, 4]])              # 多于一个维度
c = np.array([1, 2, 3,4,5], ndmin = 2)      # 最小维度
d = np.array([1, 2, 3], dtype = complex)    # dtype 参数
print(a)
print(b)
print(c)
print(d)
```

程序运行结果如下：

```
[1 2 3]
[[1 2]
 [3 4]]
[[1 2 3 4 5]]
[1.+0.j 2.+0.j 3.+0.j]
```

2. ndarray 对象属性

ndarray 对象最常用的属性如表 8.3 所示。

表 8.3　ndarray 对象属性

属　性	含　义
T	转置，与 self.transpose()相同，如果维度小于 2，则返回 self
size	数组中元素的个数
itemsize	数组中单个元素的字节长度
dtype	数组元素的数据类型对象
ndim	数组的维度
shape	数组的形状
data	指向存放数组数据的 Python buffer 对象
flat	返回数组的一维迭代器
imag	返回数组的虚部
real	返回数组的实部
nbytes	数组中所有元素的字节长度

【例 8-2】　查看 ndarray 对象示例。

本例的程序代码如下：

```
import numpy as np                       # 引入 NumPy 库
a=np.array([[1, 2], [3, 4, 5], 6)        # 创建数组，将元组或列表作为参数
a2 = np.array(([1, 5, 3, 4, 5], [6, 2, 7, 9, 5]))   # 创建二维的 narray 对象
print(type(a))                           # a 的类型是数组
print(a)
print(a2)
print(a.dtype)                           # 查看 a 数组中每个元素的类型
print(a2.dtype)                          # 查看 a2 数组中每个元素的类型
print(a.shape)                           # 查看数组的行列
print(a2.shape)                          # 查看数组的行列，返回行列的元组，2 行 5 列
print(a.shape[0])                        # 查看 a 的行数
print(a2.shape[1])                       # 查看 a2 的列数
print(a.ndim)                            # 获取数组的维数
print(a2.ndim)
print(a2.T)                              # 简单转置矩阵 ndarray
```

程序运行结果如下：

```
<class 'numpy.ndarray'>
[list([1, 2]) list([3, 4, 5]) 6]
[[1 5 3 4 5]
 [6 2 7 9 5]]
```

```
object
int32
(3,)
(2, 5)
3
5
1
2
[[1 6]
 [5 2]
 [3 7]
 [4 9]
 [5 5]]
```

3. 索引和切片

ndarray 可以通过索引访问元素，其切片与列表的切片操作一样，也可以通过 slice 函数设置 start、stop 及 step 参数，从原数组中切割出一个新数组。

【例 8-3】 索引和切片应用示例。

本例的程序代码如下：

```
import numpy as np
a = np.array([[1, 2, 3, 4, 5], [6, 7, 8, 9, 10]])
print(a)
print(a[:])                    # 选取全部元素
print(a[1])                    # 选取行为 1 的全部元素
print(a[0:1])                  # 截取[0,1)的元素
print(a[1, 2:5])               # 截取第 1 行第(2, 3, 4)位置的元素[ 8 9 10]
print(a[1, :])                 # 截取第 1 行，返回 [ 6  7  8  9  10]
print(a[1, 2])                 # 截取行号为 1，列号为 2 的元素 8
print(a[1][2])                 # 截取行号为 1，列号为 2 的元素 8,与上面的等价
print(a[a>3])                  # 截取矩阵 a 中大于 3 的数，范围的是一维数组

b = np.arange(10)              # [0 1 2 3 4 5 6 7 8 9]
x = slice(2, 7, 2)
print(b[x])
```

程序运行结果如下：

```
[[ 1  2  3  4  5]
 [ 6  7  8  9 10]]
[[ 1  2  3  4  5]
 [ 6  7  8  9 10]]
```

```
[ 6  7  8  9 10]
[[1 2 3 4 5]]
[ 8  9 10]
[ 6  7  8  9 10]
8
8
[ 4  5  6  7  8  9 10]
[2 4 6]
```

8.3　创建数组

1. zeros

numpy.zeros 方法用于创建元素为 0 的数组，其语法格式如下：

numpy.zeros(shape, dtype = float, order = 'C')

【例 8-4】　numpy.zeros 应用示例。

本例的程序代码如下：

```
import numpy as np
# 默认为浮点数
x = np.zeros(5)
print(x)
# 设置类型为整数
y = np.zeros((5, ), dtype = np.int)
print(y)
# 自定义类型
z = np.zeros((2, 2), dtype = [('x', 'i4'), ('y', 'i4')])
print(z)
```

程序运行结果如下：

```
[0. 0. 0. 0. 0.]
[0 0 0 0 0]
[[(0, 0) (0, 0)]
 [(0, 0) (0, 0)]]
```

2. ones

numpy.ones 方法用于创建指定形状的数组，元素以 1 来填充，其语法格式如下：

numpy.ones(shape, dtype = None, order = 'C')

【例 8-5】　numpy.ones 应用示例。

本例的程序代码如下：

```
import numpy as np
```

```
# 默认为浮点数
x = np.ones(5)
print(x)
# 自定义类型
x = np.ones([2, 2], dtype = int)
print(x)
```

程序运行结果如下：

```
[1. 1. 1. 1. 1.]
[[1 1]
 [1 1]]
```

3. diag

numpy.diag 方法用于创建对角矩阵，对角线元素为指定数，其他位置为 0，其语法格式如下：

numpy.diag(shape, dtype = None, order = 'C')

【例 8-6】 numpy.diag 应用示例。

本例的程序代码如下：

```
import numpy as np
# 默认为浮点数
x = np.diag([1, 2, 3])
print(x)
```

程序运行结果如下：

```
[[1 0 0]
 [0 2 0]
 [0 0 3]]
```

4. arange

numpy.arange 方法用于创建在给定间隔内返回均匀间隔值的数组，其语法格式如下：

numpy.arange(start, stop, step, dtype = None)

【例 8-7】 arange 应用示例。

本例的程序代码如下：

```
import numpy as np
a=np.arange(10)                    # 利用 arange 函数创建数组
print(a)
a5=np.arange(1, 2, 0.1)
print(a5)
```

程序运行结果如下：

```
[0 1 2 3 4 5 6 7 8 9]
[1.  1.1 1.2 1.3 1.4 1.5 1.6 1.7 1.8 1.9]
```

5. linspace

numpy.linspace 方法用于创建指定数量间隔的序列，实际生成一个等差数列，其语法格式如下：

numpy.linspace(start, stop, num, ndpoint=True, retstep=False, dtype=None)

【例 8-8】　linspace 应用示例。

本例的程序代码如下：

```
import numpy as np
a=np.linspace(0, 1, 10)              # 从 0 开始到 1 结束，共 10 个数的等差数列
print(a)
```

程序运行结果如下：

```
[0.          0.11111111 0.22222222 0.33333333 0.44444444 0.55555556
 0.66666667 0.77777778 0.88888889 1.              ]
```

6. logspace

numpy.logspace 用于生成等比数列，其语法格式如下：

numpy.logspace(start, stop, num, endpoint=True)

【例 8-9】　logspace 应用示例。

本例的程序代码如下：

```
import numpy as np
a = np.logspace(0, 1, 5)
# 生成首位是 10 的 0 次方，末位是 10 的 1 次方，含 5 个数的等比数列
print(a)
```

程序运行结果如下：

```
[ 1.          1.77827941   3.16227766   5.6234825 10.              ]
```

8.4　数　组　变　换

1. 维度变换

数组维度变换的相关函数如表 8.4 所示。

表 8.4　数组维度变换的函数

方　　法	说　　明
reshape(shape)	不改变数组元素，返回一个 shape 形状的数组,原数组不变
resize(shape)	与 .reshape 功能一致，但修改原数组
ravel(shape)	多维转一维
swapaxes(ax1, ax2)	将数组 n 个维度中两个维度进行调换
flatten()	对数组进行降维，返回折叠后的一维数组，原数组不变

【例 8-10】　数组维度变换示例。

本例的程序代码如下：

```
import numpy as np
a = np.array([1, 2, 3, 4, 5, 6])
b = a.reshape(2, 3)
c = a.reshape((2, 3))
d = np.reshape(a, (2, 3))
print(a)                              # 输出[1 2 3 4 5 6]
print(b)                              # 输出[[1 2 3] [4 5 6]]
print(c)                              # 输出[[1 2 3] [4 5 6]]
print(d)                              # 输出[[1 2 3] [4 5 6]]

a1 = np.array([[1, 2, 3], [4, 5, 6]])
b1 = a.flatten()
c1 = a.ravel()                        # 多维转一维
d1 = a.reshape(-1)                    # 参数为-1，表示数组的维度通过数据本身判断
print(a1)                             # 输出[[1 2 3] [4 5 6]]
print(b1)                             # 输出[1 2 3 4 5 6]
print(c1)                             # 输出[1 2 3 4 5 6]
print(d1)                             # 输出[1 2 3 4 5 6]

a2 = np.array([[1, 2, 3], [4, 5, 6]])
b2 = a.transpose()
c2 = a.T
d2 = a.swapaxes(0,1)
e2 = np.transpose(a, (1, 0))
print(a2)                             # 输出[[1 2 3] [[4 5 6]]
print(b2)                             # 输出[[1 4] [2 5] [3 6]]
print(c2)                             # 输出[[1 4] [2 5] [3 6]]
print(d2)                             # 输出[[1 4] [2 5] [3 6]]
print(e2)                             # 输出[[1 4] [2 5] [3 6]]
```

2. 数组拼接

数组拼接函数有 hstack、vstack 和 concatenate。hstack 用于横向合并，vstack 用于纵向合并，concatenate 用于对多个数组进行拼接。

【例 8-11】 数组拼接示例。

本例的程序代码如下：

```
import numpy as np
a = np.array([[1, 2, 3], [4, 5, 6]])
b = np.arange(2, 8).reshape(2, 3)
c1 = np.concatenate([a, b], axis=0)
```

```
c2 = np.vstack([a, b])
d1= np.concatenate([a, b], axis=1)
d2 = np.hstack([a, b])
print(a)      # 输出[[1 2 3] [4 5 6]]
print(b)      # 输出[[ 2   3   4] [5 6   7]]
print(c1)     # 输出[[ 1   2   3] [ 4   5   6] [2   3   4] [5   6   7]]
print(c2)     # 输出[[ 1   2   3] [ 4   5   6] [2   3   4] [5   6   7]]
print(d1)     # 输出[[ 1   2   3   2   3   4] [ 4   5   6   5   6   7]]
print(d2)     # 输出[[ 1   2   3   2   3   4] [ 4   5   6   5   6   7]]
```

3. 数组分割

数组分割的相关函数有 hsplit、vsplit 和 split。hsplit 用于横向分割，vsplit 用于纵向分割，split 函数可以灵活地进行分割。

【例 8-12】 数组分割示例

本例的程序代码如下：

```
import numpy as np
a = np.arange(1, 19).reshape(6, 3)
b, c = np.split(a, [4], axis=0)
d, e = np.vsplit(a,[4])
print(a)      # 输出 [[ 1   2   3] [4   5   6] [ 7   8   9] [10 11 12] [13 14 15] [16 17 18]]
print(b)      # 前 4 个样本为 1 个数组 [[ 1   2   3] [ 4   5   6] [ 7   8   9] [10 11 12]]
print(c)      # 余下的样本为 1 个数组 [[13 14 15] [16 17 18]]
print(d)      # 前 4 个样本为 1 个数组 [[ 1   2   3] [ 4   5   6] [7   8   9] [10 11 12]]
print(e)      # 余下的样本为 1 个数组 [[13 14 15] [16 17   18]]
```

4. 数组复制

数组复制使用函数 copy 实现。

【例 8-13】 数组复制示例

本例的程序代码如下：

```
import numpy as np
a = np.array([1, 2, 3])
b = a
c = a[:]
d = np.copy(a)
print(b is a, c is a, d is a)      # 输出  True False False
d[0] = 10
print(a, d)                        # 输出[1 2 3] [10   2   3]
c[0] = 100
print(a, c)                        # 输出[100   2   3] [100   2   3]
```

8.5　线　性　代　数

numpy.linalg 模块具有矩阵运算、矩阵转置求解线性方程组等功能，如表 8.5 所示。

表 8.5　线性代数函数

函　数	说　明	函　数	说　明
np.zeros	生成零矩阵	np.ones	生成所有元素为 1 的矩阵
np.eye	生成单位矩阵	np.transpose	矩阵转置
np.dot	计算两个数组的点积	np.inner	计算两个数组的内积
np.diag	矩阵主对角线与一维数组间转换	np.trace	矩阵主对角线元素的和
np.linalg.det	计算矩阵行列式	np.linalg.eig	计算特征根与特征向量
np.linalg.eigvals	计算方阵特征根	np.linalg.inv	计算方阵的逆
np.linalg.pinv	计算方阵的 Moore-Penrose 伪逆	np.linalg.solve	计算 Ax = b 线性方程组
np.linalg.lstsq	计算 Ax = b 的最小二乘解	np.linalg.qr	计算 QR 分解
np.linalg.svd	计算奇异值分解	np.linalg.norm	计算向量或矩阵的范数

1. 矩阵运算

矩阵的基本运算包括矩阵的加法、减法、数乘等。

【例 8-14】　矩阵运算示例。

本例的程序代码如下：

```
import numpy as np
import numpy.linalg as lg      # 求矩阵的逆需要先导入 numpy.linalg
a1 = np.array([[1, 2, 3], [4, 5, 6], [5, 4, 5]])
a5 = np.array([[1, 5, 4], [3, 4, 7], [7, 5, 6]])
print(a1+a5)                   # 输出 [[ 2   7   7] [ 7   9 13] [12   9 11]]
print(a1-a5)                   # 输出[[ 0 -3 -1] [ 1   1 -1] [-2 -1 -1]]
print(a1/a5)                   # 输出[[1. 0.4 0.75] [1.33333333 1.25 0.857186] [0.7141 0.8   0.8333]]
print(a1%a5)                   # 输出[[0 2 3] [1 1 6] [5 4 5]]
print(a1**5)                   # 输出[[    1   32   243] [1024 3125 7776] [3125 1024 3125]]
```

2. 矩阵转置

矩阵转置是把 m × n 矩阵 A 的行列互换得到一个 n × m 矩阵。此矩阵叫作 A 的转置矩阵。

【例 8-15】　矩阵转置示例。

本例的程序代码如下：

```
import numpy as np
import numpy.linalg as lg      # 求矩阵的逆需要先导入 numpy.linalg
a1 = np.array([[1, 2, 3], [4, 5, 6], [5, 4, 5]])
```

```
a5 = np.array([[1, 5, 4], [3, 4, 7], [7, 5, 6]])
print(a1.dot(a5))                    # 点乘满足：第一个矩阵的列数等于第二个矩阵的行数
print(a1.transpose())                # 转置等价于 print(a1.T)
print(lg.inv(a1))                    # 用 linalg 的 inv 函数来求逆
```

程序运行结果如下：

```
[[28 28 36]
 [61 70 87]
 [52 66 78]]
[[1 4 5]
 [2 5 4]
 [3 6 5]]
[[-0.16666667 -0.33333333   0.5        ]
 [-1.66666667   1.66666667 -1.        ]
 [ 1.5         -1.          0.5        ]]
```

3. 求解线性方程组

线性关系即数学对象之间是以一次形式来表达的关系。多元一次方程组是指一个含有多个未知数，并且未知数的次数都是 1 的整式方程。

【例 8-16】　求解多元一次方程组。

$$\begin{cases} x + 3y + 5z = 10 \\ 2x + 5y - z = 6 \\ 2x + 4y + 7z = 4 \end{cases}$$

本例程序代码如下：

```
import numpy as np
# 多元线性方程组
a= np.array([[1, 3, 5], [2, 5, -1], [2, 4, 7]])
b= np.array([10, 6, 4])
x= np.linalg.solve(a, b)
print(x)
```

程序运行结果如下：

```
[-14.31578947    7.05263158    0.63157895]
```

8.6　统　计　量

NumPy 提供统计函数用于从数组中查找最小元素、最大元素、百分位标准差和方差等。如表 8.6 所示。统计函数的 axis 参数是指数据的维度。axis = 1 表示按水平方向计算每一行的统计值；axis = 0 表示按垂直方向计算每一列的统计值。

表 8.6　统　计　函　数

函　数	说　明	函　数	说　明
min(arr, axis)	最小值	cumsum(arr, axis)	轴方向计算累计和
max(arr, axis)	最大值	cumprod(arr, axis)	轴方向计算累计乘积
mean(arr, axis)	平均值	argmin(arr, axis)	轴方向最小值所在的位置
median(arr, axis)	中位数	argmax(arr, axis)	轴方向最大值所在的位置
sum(arr, axis)	和	corrcoef(arr)	计算皮尔逊相关系数
std(arr, axis)	标准差	cov(arr)	计算协方差矩阵
var(arr, axis)	方差		

1. 平均值

NumPy 提供 mean 函数用于计算平均值。

【例 8-17】 计算平均值应用示例。

本例的程序代码如下：

```python
import numpy as np
X = np.array([160, 165, 157, 122, 159, 126, 160, 162, 121])
# 方法 1：
num = len(X)
sum = sum(X)
mean = sum/num
print(mean)
# 方法 2：
mean = np.mean(X)
print(mean)      #148.0
```

2. 最值

NumPy 提供 amin 和 amax 函数用于计算数组指定轴的最小值和最大值。

【例 8-18】 计算最值应用示例。

本例的程序代码如下：

```python
import numpy as np
X = np.array([160, 165, 157, 122, 159, 126, 160, 162, 121])
MIN = np.min(X)
MAX = np.max(X)
print(MIN)                                    # 121
print(MAX)                                    # 165
a = np.array([[3, 2, 5], [7, 4, 3], [2, 4, 9]])
print ('数组是：', a)                          # [[3 2 5] [7 4 3] [2 4 9]]
print ('调用  amin() 函数：', np.amin(a, 1))    # [2 3 2]
```

```
print ('再次调用  amin() 函数：', np.amin(a,0))          # [2 2 3]
print ('调用  amax() 函数：', np.amax(a))               # 9
print ('再次调用  amax() 函数：', np.amax(a, axis =0))   # [7 4 9]
```

3. 中位数

NumPy 提供 median 函数用于计算中位数。

【例 8-19】　计算中位数应用示例。

本例的程序代码如下：

```
import numpy as np
X = np.array([160, 165, 157, 122, 159, 126, 160, 162, 121])
median = np.median(X)
print(median)              # 159.0
```

4. 众数

NumPy 中没有直接求众数的方法，可用下面例子中的方法实现。

【例 8-20】　求众数应用示例。

本例的程序代码如下：

```
import numpy as np
nums = [1, 2, 6, 7, 6, 6, 3, 4]
counts = np.bincount(nums)   #bincount：统计非负整数的个数
# argmax 返回 array 中数值最大数的下标，默认将输入 array 视作一维，出现相同的最大，返回
    第一次出现
print(np.argmax(counts))        # 6
```

5. 极差

NumPy 提供 ptp 函数用于计算极差。

【例 8-21】　计算极差应用示例。

本例的程序代码如下：

```
import numpy as np
a = np.array([[3, 2, 5], [7, 4, 3], [2, 4, 9]])
print ('数组是：',a)                              # [[3, 2, 5], [7, 4, 3], [2, 4, 9]]
print ('调用  ptp() 函数：',np.ptp(a))            # 7
print ('沿轴 1 调用  ptp() 函数：', np.ptp(a, axis =1))   # [3 4 7]
print ('沿轴 0 调用  ptp() 函数：', np.ptp(a, axis =0))   # [5 2 6]
```

6. 方差

NumPy 提供 var 函数用于计算方差。

【例 8-22】　计算方差应用示例。

本例的程序代码如下：

```
import numpy as np
X = np.array([1, 5, 6])
```

```
var = X.var()
print(var)          #4.666666666666662
```

7. 协方差

NumPy 提供 cov 函数用于计算协方差。

【**例 8-23**】 计算协方差应用示例。

本例的程序代码如下：

```
import numpy as np
X = np.array([[1, 5, 6], [4, 3, 9 ],[ 4, 2, 9],[ 4, 2, 2]])
cov = np.cov(X)
print(cov)
```

程序运行结果如下：

```
[[ 7.            4.5          4.          -3.          ]
 [ 4.5          10.33333333 11.5         -1.33333333]
 [ 4.           11.5         13.          -1.          ]
 [-3.           -1.33333333 -1.          1.33333333]]
```

8. 皮尔逊相关系数

NumPy 提供 corrcoef 函数用于计算皮尔逊相关系数。

【**例 8-24**】 计算皮尔逊相关系数应用示例。

本例的程序代码如下：

```
import numpy as np
Array1 = [[1, 2, 3], [4, 5, 6]]
Array2 = [[11, 25, 346], [234, 47, 49]]
Mat1 = np.array(Array1)
Mat2 = np.array(Array2)
correlation = np.corrcoef(Mat1, Mat2)
print("矩阵 1\n", Mat1)
print("矩阵 2\n", Mat2)
print("相关系数矩阵\n", correlation)
```

程序运行结果如下：

```
矩阵 1
 [[1 2 3]
 [4 5 6]]
矩阵 2
 [[ 11   25 346]
 [234   47   49]]
相关系数矩阵
[[ 1.          1.          0.88390399 -0.8683201]
 [ 1.          1.          0.88390399 -0.8683201]
```

[0.88390399 0.88390399 1.   -0.52373937]
[-0.8683201 -0.8683201 -0.52373937 1.   ]]

课 后 习 题

1. 采用 NumPy 的函数求如下矩阵的平均值、中位数统计量。
   Data = [10, 20, 40, 80, 160, 320, 640, 1280]
2. 对 data = [[-1, 2], [-0.5, 6], [0, 10], [1, 18]]进行归一化处理。
3. 求解线性代数方程组：

$$\begin{cases} x + 2y + 4z = 7 \\ 4x + 3y - 7z = 89 \\ 8x + 4y + 2z = 23 \end{cases}$$

4. 实现如下矩阵的转置和求逆：

$$\begin{pmatrix} 3 & 6 & 7 \\ 2 & 5 & 4 \\ 1 & 8 & 9 \end{pmatrix}$$

第 9 章　Matplotlib

Matplotlib 是 Python 的绘图库。本章重点介绍了 Matplotlib 的安装和图表基本结构及绘图设置，包括颜色、标记和线类型等，还介绍了各种图的绘制方法和概率分布等。

9.1　认识 Matplotlib

Matplotlib 发布于 2007 年，"Mat"表示函数来源于 Matlab 的函数功能，"plot"表示绘图，"lib"为集合。Matplotlib 主要用于将 NumPy 统计计算结果可视化，是 Python 可视化包的鼻祖和最常用的标准可视化库，其功能强大且复杂。

在 Anaconda Prompt 下，使用"pip install matplotlib"命令安装 Matplotlib，如图 9.1 所示。

```
(base) C:\Users\Administrator>pip install matplotlib
Requirement already satisfied: matplotlib in c:\programdata\anaconda3\lib\site-p
ackages
Requirement already satisfied: numpy>=1.7.1 in c:\programdata\anaconda3\lib\site
-packages (from matplotlib)
Requirement already satisfied: six>=1.10 in c:\programdata\anaconda3\lib\site-pa
ckages (from matplotlib)
Requirement already satisfied: python-dateutil>=2.1 in c:\programdata\anaconda3\
lib\site-packages (from matplotlib)
Requirement already satisfied: pytz in c:\programdata\anaconda3\lib\site-package
s (from matplotlib)
Requirement already satisfied: cycler>=0.10 in c:\programdata\anaconda3\lib\site
-packages (from matplotlib)
Requirement already satisfied: pyparsing!=2.0.4,!=2.1.2,!=2.1.6,>=2.0.1 in c:\pr
ogramdata\anaconda3\lib\site-packages (from matplotlib)
You are using pip version 9.0.3, however version 10.0.0 is available.
You should consider upgrading via the 'python -m pip install --upgrade pip' comm
and.
```

图 9.1　安装 Matplotlib

9.2　Matplotlib 图的基本结构

如图 9.2 所示，Matplotlib 生成的图形主要由以下几个部分构成。

(1) Figure：定义图像窗口，相当于画布。

(2) Axes：绘制 2D 图像的实际区域，又称轴域区或者绘图区。

(3) Axis：坐标系中的垂直轴与水平轴，包含轴的长度、轴标签(指 x 轴，y 轴)和刻度标签。

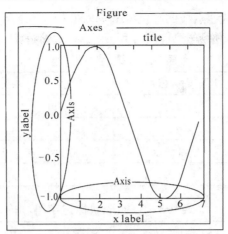

图 9.2　Matplotlib 图形的构成

在 Matplotlib 的 pyplot 模块中用 figure 方法创建图像，其语法格式如下：

　　from matplotlib import pyplot as plt

　　plt.figure(num, figsize, dpi, facecolor, edgecolor, clear)　　　　# 创建图形对象

其中：

(1) num：figure 的编号，可选。

(2) figsize：设置画布的尺寸，默认值为[6.4, 4.8]，单位为英寸。

(3) dpi：分辨率，默认值为 100。

(4) facecolor：背景颜色。

(5) edgecolor：边线颜色。

(6) clear：如果 num 代表的 figure 已经存在，那么将其清空。

一个画布包含一个或多个 Axes 对象，Axes 参数如表 9.1 所示。

表 9.1　Axes 参数

函数名称	描　　述	函数名称	描　　述
axes	在画布中添加轴	xticks	获取或设置 x 轴刻标和相应标签
text	在轴中添加文本	ylabel	设置 y 轴的标签
title	设置当前轴的标题	ylim	获取或设置 y 轴的区间大小
xlabel	设置 x 轴的标签	yscale	设置 y 轴的缩放比例
xlim	获取或者设置 x 轴的区间大小	yticks	获取或设置 y 轴的刻标和相应标签
xscale	设置 x 轴的缩放比例		

plot 方法用来指定线型、标记颜色、样式以及大小，语法格式如下：

　　plt.plot(x，y, 'xxx', label = ' ', linewidth=' ')

其中：

(1) x：位置参数，点的横坐标，可迭代对象；

(2) y：位置参数，点的纵坐标，可迭代对象；

(3) label：关键字参数，设置图例需要调用 plt 或子图的 legend 方法。

(4) linewidth：关键字参数，设置线的粗细。

(5) xxx：点和线的样式。点线的颜色(Color)取值如表 9.2 所示，点的形状(Marker)标记字符如表 9.3 所示，线条风格字符如表 9.4 所示。

表 9.2　颜色取值

字　符	颜　色	字　符	颜　色
'b'	蓝色	'm'	品红色
'g'	绿色	'y'	黄色
'r'	红色	'k'	黑色
'c'	青色	'w'	白色

表 9.3　点的形状标记字符

标记字符	说　明	标记字符	说　明	标记字符	说　明
.	点标记	1	下花三角标记	*	星形标记
,	像素标记	2	上花三角标记	h	竖六边形标记
O	实心圈标记	3	左花三角标记	H	横六边形标记
V	倒三角标记	4	右花三角标记	+	十字标记
^	正三角标记	8	八角形标记	x	X 标记
<	左三角标记	S	实心方形标记	D	菱形标记
>	右三角标记	P	实心五角标记	D	瘦菱形标记

表 9.4　线条风格字符

风格字符	说　明	风格字符	说　明
-	实线	--	短线
-.	短点相间线	:	虚点线

Matplotlib 默认不支持中文显示，需要属性 rcParams 设置字体，其语法格式如下：

matplotlib.rcParams['font.family'] = 'SimHei'　　# 支持汉字

rcParams 的参数说明如表 9.5 所示。

表 9.5　rcParams 参数说明

中文字体	说　明	中文字体	说　明	中文字体	说　明
'SimHei'	中文黑体	'LiSu'	中文隶书	'YouYuan'	中文幼圆
'Kaiti'	中文楷体	'FangSong'	中文仿宋	STSong	华文宋体

Matplotlib 可以采用 plt 和 ax 两种方式绘图。plt 在画布上隐式生成一个画图区域进行绘图，而 ax 在画布上显式地选定绘图区域进行绘图。

【例 9-1】　Matplotlib 绘图示例。

本例的程序代码如下：

```
import matplotlib
import matplotlib.pyplot as plt
```

```
import numpy as np
import math
matplotlib.rcParams['font.family']='Kaiti'

x = np.arange(0, math.pi*2, 0.05)
y = np.sin(x)
fig = plt.figure()
ax = fig.add_axes([0,0,1,1])
ax.plot(x,y)
ax.set_title("example")
ax.set_xlabel('横轴值')
ax.set_ylabel('纵轴值')
ax.set_xlim([0, math.pi*2])
ax.set_ylim([-1,1])
plt.show()
```

程序运行结果如图 9.3 所示。

由于数据的负号部分无法正常显示，会变成方框，因此解决方法为加入如下一段代码：

```
plt.rcParams['axes.unicode_minus'] =False
```

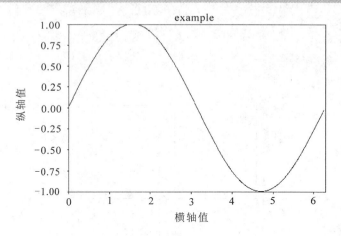

图 9.3　程序运行结果

9.3　子图基本操作

Matplotlib 提供如下方法绘制子图。

1. plt.subplot 方法

subplot 方法用于均等划分画布，其函数格式如下：

    plt.subplot(numRows, numCols, plotNum)

　　参数说明：整个绘图区域被分成 numRows 行和 numCols 列，按照从左到右、从上到下的顺序对每个子区域进行编号，左上子区域的编号为 1；plotNum 参数指定创建的 Axes 对象所在的区域。例如：subplot(233)表示在当前画布的右上角创建一个 2 行 3 列的绘图区域，选择在第 3 个位置绘制子图，如图 9.4 所示。

1	2	3
4	5	6

图 9.4　子图示意图

【例 9-2】　subplot 应用示例。

本例的程序代码如下：

```
import matplotlib.pyplot as plt
fig = plt.figure(num = 1, figsize = (4, 4))
plt.subplot(221)          # 画布分为 2x2 的区域
plt.plot([1, 2, 3, 4], [1, 2, 3, 4])
plt.subplot(222)
plt.plot([1, 2, 3, 4], [2, 2, 3, 4])
plt.subplot(223)
plt.plot([1, 2, 3, 4], [1, 2, 2, 4])
plt.subplot(224)
plt.plot([1, 2, 3, 4], [1, 2, 3, 3])
plt.show()
```

程序运行结果如图 9.5 所示。

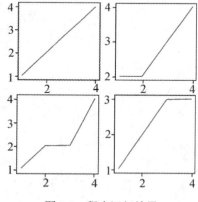

图 9.5　程序运行结果

2. plt.subplots 方法

　　subplots 方法和 subplot 方法类似，不同之处在于 subplots 既创建了一个包含子图区域的画布，又创建了 figure 图形对象，而 subplot 只创建了一个包含子图区域的画布。

　　subplots 函数格式如下：

　　　　fig, ax = plt.subplots(nrows, ncols)

3. add_subplot 方法

add_subplot 方法的格式如下：

ax1 = fig.add_subplot(nrows ncols　index)

或　　　ax1 = fig.add_subplot(nrows, ncols, index)

其中，nrows 与 ncols 是网格(grid)的总数目，大小为 nrows*ncols。index 从左上角的 1 开始 (不是零)，依次向右增加。

【例 9-3】　add_subplot 应用示例。

本案例的具体代码如下：

```python
import matplotlib.pyplot as plt
fig=plt.figure(num=1, figsize=(4, 4))
ax1=fig.add_subplot(221)                          # 画布分为 2x2 的区域
rect = plt.Rectangle((0.1, 0.2), 0.3, 0.6, color='r')   # 创建一个矩形，参数：(x,y),width,height
ax1.add_patch(rect)                               # 将形状添加到子图上

ax2=fig.add_subplot(222)
circ = plt.Circle((0.5, 0.3), 0.2, color='r', alpha=0.3)
# 创建一个椭圆，参数：中心点，半径，默认圆形随窗口大小进行长宽压缩
ax2.add_patch(circ)    #将形状添加到子图上

ax3=fig.add_subplot(223)
pgon = plt.Polygon([[0.2, 0.2], [0.65, 0.6], [0.2, 0.6]])   # 创建一个多边形，参数：每个顶点坐标
ax3.add_patch(pgon)                               # 将形状添加到子图上

fig.canvas.draw()                                 # 子图绘制

plt.show()
```

程序运行结果如图 9.6 所示。

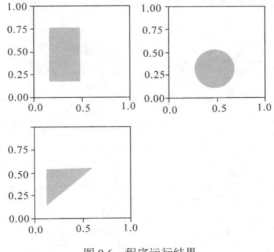

图 9.6　程序运行结果

9.4　二　维　图

pyplot 模块提供用于绘制各类二维图的常用函数，如表 9.6 所示。

表 9.6　二维图的常用函数及说明

函数名称	描　　述
Bar	绘制条形图
Barh	绘制水平条形图
Boxplot	绘制箱形图
Hist	绘制直方图
His2d	绘制 2 D 直方图
Pie	绘制饼图
Polar	绘制极坐标图
Scatter	绘制 x 与 y 的散点图
Stackplot	绘制堆叠图
Stem	绘制二维离散数据（"火柴图"）
Step	绘制阶梯图
Quiver	绘制一个二维箭头

1. 折线图

Matplotlib 提供 plot 函数，用于绘制折线图，其语法格式如下：

mpyplot.plot(*args, scalex = True, scaley = True, data = None, **kwargs)

常用参数及说明如表 9.7 所示。

表 9.7　常用参数及说明

参　　数	接　收　值	说　　明	默　认　值
x，y	Array	表示 x 轴与 y 轴对应的数据	无
color	String	表示折线的颜色	None
marker	String	可以为折线添加散点，该参数指定点的形状	None
linestyle	String	表示折线的类型	-
linewidth	数值	线条粗细	1
alpha	0～1 之间小数	表示点的透明度	None
Label	String	数据图例内容：label= '实际数据'	None

【例 9-4】　折线图应用示例。

本例的程序代码如下：

```
import numpy as np
from matplotlib import pyplot as plt
x = np.arange(1,11)
y =  2  * x +  5
plt.title("plot figure")
plt.xlabel("x axis ")
plt.ylabel("y axis ")
plt.plot(x,y)
plt.show()
```

程序运行结果如图 9.7 所示。

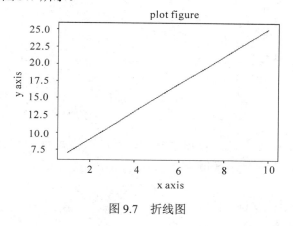

图 9.7　折线图

2. 散点图

Matplotlib 提供 scatter 函数，用于绘制散点图，其语法格式如下：

matplotlib.pyplot.scatter(x, y, s = None, c = None, marker = None, cmap = None, norm = None, vmin = None, vmax = None, alpha = None, linewidths = None, verts = None, edgecolors = None, hold = None, ata = None, **kwargs)

其中，参数 s 控制每个散点的大小。

【例 9-5】　散点图应用示例。

本例的程序代码如下：

```
import numpy as np
import matplotlib.pyplot as plt
x = np.arange(1, 10)                      # 产生测试数据
y = x
fig = plt.figure()
ax1 = fig.add_subplot(111)
ax1.set_title('Scatter Plot')             # 设置标题
```

```
    plt.xlabel('X')                              # 设置 X 轴标签
    plt.ylabel('Y')                              # 设置 Y 轴标签
    ax1.scatter(x, y, c = 'r', marker = 'o')     # 画散点图
    plt.legend('x1')                             # 设置图标
    plt.show()                                   # 显示所画的图
```

程序运行结果如图 9.8 所示。

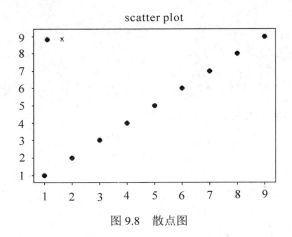

图 9.8　散点图

3. 饼图

Matplotlib 提供 pie 函数，用于绘制饼状图，其语法格式如下：

　　　plt.pie(x, labels, autopct, colors)

其中：

(1) x：数量，自动计算百分比。

(2) labels：每部分的名称。

(3) autopct：占比显示指定%1.2f %%。

(4) colors：每部分的颜色。

【例 9-6】　饼图应用示例。

本例的程序代码如下：

```
    import matplotlib.pyplot as plt
    import numpy as np
    labels = ['Mon', 'Tue', 'Wed', 'Thu', 'Fri', 'Sat', 'Sun']
    data = np.random.rand(7) * 100
    plt.pie(data, labels = labels)
    plt.axis('equal')
    plt.legend()
    plt.show()
```

程序运行结果如图 9.9 所示。

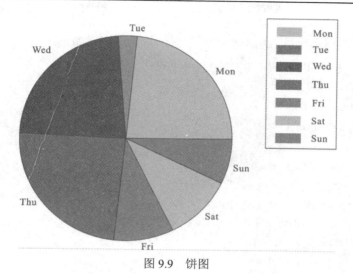

图 9.9　饼图

4. 直方图

Matplotlib 提供 hist 函数，用于绘制直方图，其语法格式如下：

　　　　plt.hist(x, bins, color, alpha)

其中，参数 alpha 设置透明度，0 为完全透明。

【例 9-7】　直方图应用示例。

本例的程序代码如下：

```
import matplotlib.pyplot as plt
import numpy as np
x=np.random.randint(0, 100, 100)          # 生成[0~100]之间的 100 个数据
bins=np.arange(0, 101, 10)                 # 设置连续的边界值，分布区间[0,10],[10,20]...
plt.hist(x, bins, color='blue', alpha=0.5) # 直方图会进行统计各个区间的数值
plt.xlabel('scores')
plt.ylabel('count')
plt.xlim(0, 100)                           # 设置 x 轴分布范围
plt.show()
```

程序运行结果如图 9.10 所示

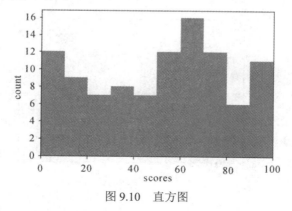

图 9.10　直方图

5. 条形图

Matplotlib 提供 bar 函数，用于绘制条形图，其语法格式如下：

    plt.bar(left, height, width, alpha, color, label)

【例 9-8】 条形图应用示例。

本例的程序代码如下：

```python
import matplotlib.pyplot as plt
import matplotlib
# 设置中文字体和负号正常显示
matplotlib.rcParams['font.sans-serif'] = ['SimHei']
matplotlib.rcParams['axes.unicode_minus'] = False
label_list = ['2014', '2015', '2016', '2017']          # 横坐标刻度显示值
num_list1 = [20, 30, 15, 35]                           # 纵坐标值 1
num_list2 = [15, 30, 40, 20]                           # 纵坐标值 2
x = range(len(num_list1))
rects1 = plt.bar(left=x, height=num_list1, width=0.4, alpha=0.8, color='red', label="一部门")
rects2 = plt.bar(left=[i + 0.4 for i in x], height=num_list2, width=0.4, color='green', label="二部门")
plt.ylim(0, 50)                                        # y 轴取值范围
plt.ylabel("数量")
plt.xticks([index + 0.2 for index in x], label_list)
plt.xlabel("年份")
plt.title("某某公司")
plt.legend()                                           # 设置题注
for rect in rects1:
    height = rect.get_height()
    plt.text(rect.get_x() + rect.get_width() / 2, height+1, str(height), ha="center", va="bottom")
for rect in rects2:
    height = rect.get_height()
    plt.text(rect.get_x() + rect.get_width() / 2, height+1, str(height), ha="center", va="bottom")
plt.show()
```

程序运行结果如图 9.11 所示。

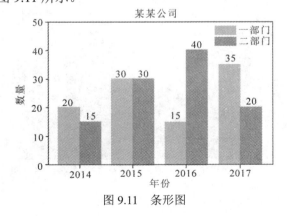

图 9.11　条形图

6. 箱形图

Matplotlib 提供 boxplot 函数，用于绘制箱形图，其语法格式如下：

matplotlib.pyplot.boxplot(x, notch = None, sym = None, vert = None, whis = None, positions = None, widths = None, patch_artist = None, bootstrap = None, usermedians = None, conf_intervals = None, meanline = None, showmeans = None, showcaps = None, showbox = None, showfliers = None, boxprops = None, labels = None, flierprops = None, medianprops = None, meanprops = None, capprops = None, whiskerprops = None, manage_xticks = True, autorange = False, zorder = None, hold = None, data = None)

其中，部分常用参数及说明如表 9.8 所示。

表 9.8　部分常用参数及说明

参　数	说　明	参　数	说　明
x	指定要绘制箱形图的数据	showcaps	是否显示箱形图顶端和末端的两条线
notch	是否以凹口的形式展现箱形图	showbox	是否显示箱形图的箱体
sym	指定异常点的形状	showfliers	是否显示异常值
vert	是否需要将箱形图垂直摆放	boxprops	设置箱体的属性，如边框色、填充色等
whis	指定上下须与上下四分位的距离	labels	为箱形图添加标签
positions	指定箱形图的位置	filerprops	设置异常值的属性
widths	指定箱形图的宽度	medianprops	设置中位数的属性
patch_artist	是否填充箱体的颜色	meanprops	设置均值的属性
meanline	是否用线的形式表示均值	capprops	设置箱形图顶端和末端线条的属性
showmeans	是否显示均值	whiskerprops	设置须的属性

【例 9-9】　箱形图应用示例。

本例的程序代码如下：

```
import numpy as np
import pandas as pd
import matplotlib.pyplot as plt
np.random.seed(2)
df = pd.DataFrame(np.random.rand(5,4),columns=['A','B','C','D'])
# 生成0～1 的5*4 维度数据，存入4 列 DataFrame 中

df.boxplot()
plt.show()                          # 显示图像
```

程序运行结果如图 9.12 所示。

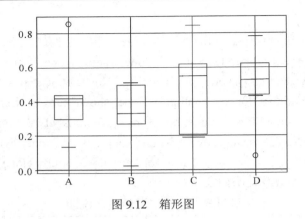

图 9.12　箱形图

9.5　三　维　图

1. 创建方式

创建三维图主要有两种方法：一种是利用关键字"projection = '3d'"来实现，另一种是通过从"mpl_toolkits.mplot3d"导入对象"Axes3 D"来实现。

【例 9-10】　三维图的两种创建方式应用示例。

本例的程序代码如下：

方法 1：利用关键字。

```
from matplotlib import pyplot as plt
from mpl_toolkits.mplot3d import Axes3D
# 定义坐标轴
fig = plt.figure()
ax1 = plt.axes(projection='3d')
# ax = fig.add_subplot(111,projection='3d')          # 可以绘制多个子图
```

方法 2：利用三维轴方法。

```
from matplotlib import pyplot as plt
from mpl_toolkits.mplot3d import Axes3D
# 定义图像和三维格式坐标轴
fig=plt.figure()
ax2 = Axes3D(fig)
```

2. 三维曲线图

【例 9-11】　绘制三角螺旋线示例。

本例的程序代码如下：

```
from mpl_toolkits import mplot3d
import matplotlib.pyplot as plt
import numpy as np
```

```
ax = plt.axes(projection='3d')
# 三维线的数据
zline = np.linspace(0, 15, 1000)
xline = np.sin(zline)
yline = np.cos(zline)
ax.plot3D(xline, yline, zline, 'gray')
```

程序运行结果如图 9.13 所示。

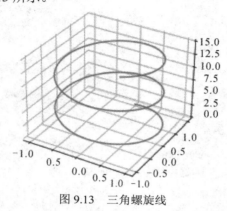

图 9.13　三角螺旋线

3. 三维散点图

【例 9-12】　绘制三维散点的数据示例。

本例的程序代码如下：

```
import matplotlib.pyplot as plt
import numpy as np
ax = plt.axes(projection='3d')
zdata = 15 * np.random.random(100)
xdata = np.sin(zdata) + 0.1 * np.random.randn(100)
ydata = np.cos(zdata) + 0.1 * np.random.randn(100)
ax.scatter3D(xdata, ydata, zdata, c=zdata, cmap='Reds')
```

程序运行结果如图 9.14 所示。

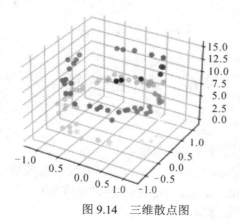

图 9.14　三维散点图

4. 三维等高线图

【例 9-13】　绘制三维等高线图示例。

本例的程序代码如下：

```python
from mpl_toolkits import mplot3d
import matplotlib.pyplot as plt
import numpy as np
def f(x, y):
    return np.sin(np.sqrt(x ** 2 + y ** 2))
x = np.linspace(-6,6,30)
y = np.linspace(-6,6,30)
X, Y = np.meshgrid(x, y)
Z = f(X,Y)
fig = plt.figure()
ax = plt.axes(projection='3d')
ax.contour3D(X, Y, Z, 50, cmap='binary')
ax.set_xlabel('x')
ax.set_ylabel('y')
ax.set_zlabel('z')
# 俯仰角设为 60 度，把方位角调整为 35 度
ax.view_init(60, 35)
```

程序运行结果如图 9.15 所示。

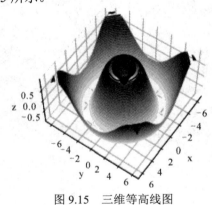

图 9.15　三维等高线图

9.6　动　态　图

1. 显示模式

Matplotlib 有阻塞和交互两种绘图显示模式。

(1) 阻塞模式：采用 plt.show 实现，图片关闭之前代码将阻塞在该行。

(2) 交互模式：采用 plt.plot 实现，不阻塞代码的继续运行。

Matplotlib 中默认是使用阻塞模式。

使用 Matplotlib 的 animation 模块实现动态图较为繁琐。而交互式绘图和暂停功能较为简单，通过"画图→清理→画图"的循环实现动态效果，相关函数如下：

(1) plt.ion()：打开交互模式；

(2) plt.ioff()：关闭交互模式；

(3) plt.clf()：清除当前的 Figure 对象；

(4) plt.cla()：清除当前的 Axes 对象；

(5) plt.pause()：暂停功能。

2. 动态图示例

【例 9-14】 动态图应用示例。

本例的程序代码如下：

```python
import numpy as np
import matplotlib.pyplot as plt
N = 20
plt.close()                          # 关闭打开的图形窗口
def anni():
    fig = plt.figure()
    plt.ion()                        # 打开交互式绘图
    for i in range(N):
        plt.cla()                    # 清除原有图像
        plt.xlim(-0.2,20.4)          # 设置 x 轴坐标范围
        plt.ylim(-1.2,1.2)           # 设置 y 轴坐标范围
        # 变量 i 增加，x 的区间长度增加，每次循环之前使用 plt.cla()命令清除原有图像
        x = np.linspace(0,i+1,1000)
        y = np.sin(x)
        plt.plot(x,y)
        plt.pause(0.1)
    # plt.ioff() # 关闭交互式绘图
    plt.show()
anni()
```

程序运行结果如图 9.16 所示。

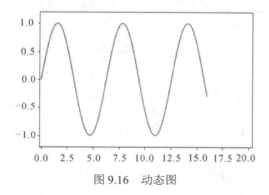

图 9.16 动态图

9.7 概率分布

1. 泊松分布

泊松分布通常用于查找事件可能发生或不发生的频率，还可用于预测事件在给定时间段内可能发生多少次。

泊松分布的主要特征如下：

(1) 事件彼此独立；

(2) 一个事件在定义的时间段内可以发生任何次数；

(3) 两个事件不能同时发生；

(4) 事件的平均发生率恒定。

【例9-15】 泊松分布应用示例。

本例的程序代码如下：

```python
import numpy as np
import matplotlib.pyplot as plt
list = np.random.poisson(9,10000)
plt.hist(list, bins = 8, color = 'b', alpha = 0.4, edgecolor = 'r')
plt.show()
```

程序运行结果如图9.17所示。

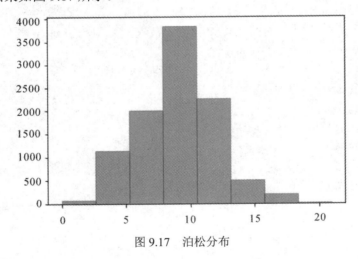

图9.17　泊松分布

2. 正态分布

正态分布又称高斯分布，其曲线呈钟形，两头低，中间高，左右对称，因其曲线呈钟形，也称为钟形曲线。

【例9-16】 正态分布应用示例。

本例的程序代码如下：

```python
import numpy as np
```

```
import matplotlib.pyplot as plt
list = np.random.normal(0,1,10000)
plt.hist(list, bins = 8, color = 'r', alpha = 0.5, edgecolor = 'r')
plt.show()
```

程序运行结果如图 9.18 所示。

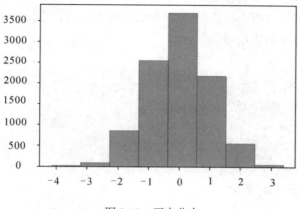

图 9.18　正态分布

3. 均匀分布

均匀概率分布是古典概率分布的连续形式,是指随机事件的可能结果所对应的概率相等。均匀概率分布也叫矩形分布,在相同长度间隔的分布概率是相等。

【例 9-17】　均匀分布应用示例。

本案例的具体代码如下:

```
import numpy as np
import matplotlib.pyplot as plt

list = np.random.uniform(0,10,10000)
plt.hist(list,bins = 7,color = 'g', alpha = 0.4, edgecolor    = 'b')
plt.show()
```

程序运行结果如图 9.19 所示。

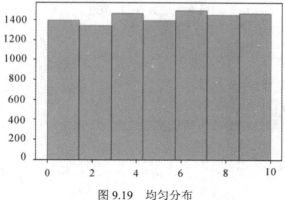

图 9.19　均匀分布

4. 二项分布

二项分布被认为是遵循伯努利分布的事件结果的总和，用于二元结果事件，并且所有后续试验中成功和失败的概率均相同。

二项式分布的主要特征：

(1) 给定多个试验，每个试验彼此独立(一项试验的结果不会影响另一项试验)。

(2) 每个试验只能得出两个可能的结果(例如获胜或失败)，其概率分别为 p 和 $(1-p)$。

【例 9-18】 二项分布应用示例。

本例的程序代码如下：

```python
import numpy as np
import matplotlib.pyplot as plt
list = np.random.binomial(n=10, p=0.5, size = 10000)
plt.hist(list, bins = 8, color = 'g', alpha = 0.4, edgecolor = 'b')
plt.show()
```

程序运行结果如图 9.20 所示。

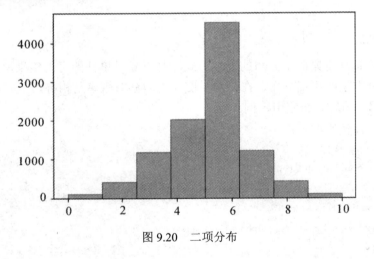

图 9.20　二项分布

课 后 习 题

一、问答题

1. Matplotlib 创建三维图有几种方式？
2. Matplotlib 如何实现动态图的绘制？
3. Matplotlib 中子图的绘制如何实现？

二、编程题

某年各国的 GDP 数值如表 9.9 所示，请用 Matplotlib 将其绘制成饼图。

表 9.9　某年各国的 GDP 数值

单位：亿元

国　　家	GDP
USA	15094025
China	11299967
Japan	4440376
Russia	2383402
UK	2260803

第 10 章　Pandas

Pandas 具有大量标准的数据模型，提供了高效地操作大型数据集所需的工具。本章首先介绍了 Pandas 的 Series、DataFrame 和 Index 等关键数据类型；其次介绍了 Pandas 在数据可视化、数据转换与处理中的应用。

10.1　认识 Pandas

Pandas 是基于 Numpy 的数据分析模块，具有大量的标准数据模型和高效的数据处理、数据清洗等功能，具体功能如下：

(1) SQL 的绝大部分 DQL 和 DML 操作在 Pandas 中都可以实现。

(2) 具有 Excel 的数据透视表功能。

(3) 自带正则表达式的字符串向量化操作。

(4) 具有丰富的时间序列向量化处理接口。

(5) 具有常用的数据分析与统计功能，包括基本统计量、分组统计分析等。

(6) 集成了 Matplotlib 的常用可视化接口。

在 Anaconda Prompt 下，使用命令"pip install pandas"安装 Pandas，如图 10.1 所示。

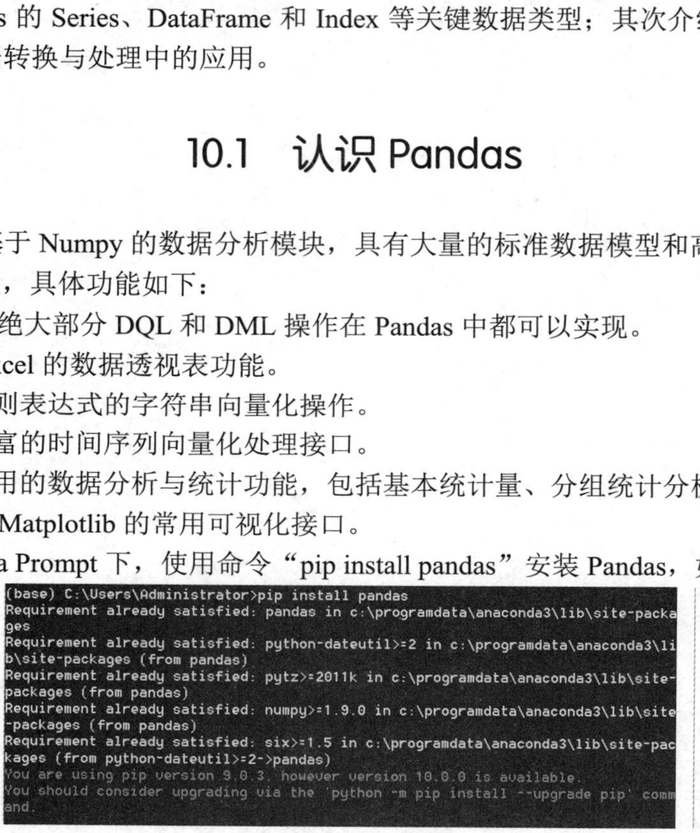

```
(base) C:\Users\Administrator>pip install pandas
Requirement already satisfied: pandas in c:\programdata\anaconda3\lib\site-packa
ges
Requirement already satisfied: python-dateutil>=2 in c:\programdata\anaconda3\li
b\site-packages (from pandas)
Requirement already satisfied: pytz>=2011k in c:\programdata\anaconda3\lib\site-
packages (from pandas)
Requirement already satisfied: numpy>=1.9.0 in c:\programdata\anaconda3\lib\site
-packages (from pandas)
Requirement already satisfied: six>=1.5 in c:\programdata\anaconda3\lib\site-pac
kages (from python-dateutil>=2->pandas)
You are using pip version 9.0.3, however version 10.0.0 is available.
You should consider upgrading via the 'python -m pip install --upgrade pip' comm
and.
```

图 10.1　安装 Pandas

Pandas 具有 Series 和 DataFrame 两个重要的数据类型，如表 10.1 所示。

表 10.1　Pandas 的两个数据类型

名　称	维　度	说　明
Series	1 维	带有标签的同构数据类型一维数组，与 NumPy 一维数组类似。其与列表数据类型功能相近，区别在于列表的元素可以是不同的数据类型，而 Series 是相同的数据类型
DataFrame	2 维	带有标签的异构数据类型二维数组，DataFrame 有行和列索引，可以将其看作 Series 容器，DataFrame 包含若干个 Series

10.2　Series

Series 由数据和数据标签(即索引)组成，类似于一维数组。

10.2.1　创建 Series

创建 Series 对象的函数是 Series()，其语法格式如下：

pandas.Series(data = None, index = None, name = None)

其中：

(1) data：接收 array 或 dict，表示接收的数据，默认为 None。

(2) index：接收 array 或 list，表示索引，它必须与数据长度相同，默认为 None。

(3) name：接收 string 或 list，表示 Series 对象的名称，默认为 None。

1. 通过列表创建 Series

【例 10-1】　通过 list 创建 Series 对象示例。

本例的程序代码如下：

```
import pandas as pd
series = pd.Series([1,2,3])
print(series)
```

程序运行结果如下：

```
0    1
1    2
2    3
dtype: int64
```

输出的第一列为 index，第二列为数据 Value。

2. 通过字典创建 Series

【例 10-2】　通过字典创建 Series 对象示例。

本例的程序代码如下：

```
import pandas as pd
dict = {'a': 0, 'b': 1, 'c': 5}
print( pd.Series(dict))
```

程序运行结果如下：

```
a    0.0
b    1.0
c    5.0
dtype: float64
```

3. 通过 ndarray 创建 Series

【例 10-3】　通过 ndarray 创建 Series 对象示例。

本例的程序代码如下：

```
import pandas as pd
import numpy as np
print('通过 ndarray 创建的 Series 为：\n', pd.Series(np.arange(3), index = ['a', 'b', 'c'], name = 'ndarray'))
```

程序运行结果如下：

```
通过 ndarray 创建的 Series 为
a    0
b    1
c    2
Name: ndarray, dtype: int32
```

10.2.2　Series 属性

常用的 Series 属性如表 10.2 所示。

表 10.2　常用的 Series 属性

属　性	含　义
values	以 ndarray 格式返回 Series 对象的所有元素
Index	Series 对象的索引
Dtype	Series 对象的数据类型
Shape	Series 对象的形状
Nbytes	Series 对象的字节数
Ndim	Series 对象的维度
Size	Series 对象的个数
T	返回 Series 对象的转置

【例 10-4】　访问 Series 的属性示例。

本例的程序代码如下：

```
import pandas as pd
series1 = pd.Series([1, 2, 3, 10])
print("series1:\n{}\n".format(series1))
print("series1.values: {}\n".format(series1.values))        # Series 中的数据
print("series1.index: {}\n".format(series1.index))          # Series 中的索引
print("series1.shape: {}\n".format(series1.shape))          # Series 中的形状
print("series1.ndim: {}\n".format(series1.ndim))            # Series 中的维度
```

程序运行结果如下：

```
series1:
0    1
1    2
2    3
```

```
3      10
dtype: int64
series1.values: [1 2 3 10]
series1.index: RangeIndex(start=0, stop=4, step=1)
series1.shape: (4,)
series1.ndim: 1
```

10.2.3 操作 Series

1. 访问 Series 数据

Series 可以通过索引位置和标签两种方式访问数据。

【例 10-5】 访问 Series 数据。

本案例的具体代码如下：

```
import pandas as pd
series2 = pd.Series([1,2,3,4,5,6,7], index=["C","D","E","F","G","A","B"])
#  通过索引位置访问 Series 数据子集
print("series2 位于第 1 位置的数据为:",series2[0])
#  通过索引名称(标签)也可以访问 Series 数据
print("E is {}\n".format(series2["E"]))
```

程序运行结果如下：

```
Series2 位于第 1 位置的数据为: 1
E is 3
```

2. 修改 Series 数据

通过赋值的方式可以对指定索引标签(或位置)对应的 Series 数据进行修改。

【例 10-6】 更新 Series 数据示例。

本例的程序代码如下：

```
import pandas as pd
list1=[1,2,3,4,5]
series1 = pd.Series(list1, index = ['a','b', 'c', 'd', 'e'], name = 'list')
print("series1:\n{}\n".format(series1))
#  更新元素
series1['a'] = 3
print('更新后的 Series1 为：\n', series1)
```

3. 添加 Series 数据

与列表类似，通过 append 方法可在原 Series 上添加新的 Series 数据。

【例 10-7】 追加 Series 数据示例。

本例的程序代码如下：

```
import pandas as pd
list1 = [2, 3, 10]
series1 = pd.Series(list1, index = ['a', 'b', 'c'], name = 'list')
print("series1:\n{}\n".format(series1))
series2 = pd.Series([5], index = ['f'])
# 追加 Series
print('在 series1 插入 series2 后为：\n', series1.append(series2))
```

4. 删除 Series 数据

用 drop 方法可删除 Series 数据，参数为删除数据的索引。当 inplace = False 时，表示不改变原 Series 内容；当 inplace = True 时，表示改变原 Series 内容。

【例 10-8】 删除 Series 数据示例。

本例的程序代码如下：

```
import pandas as pd
list1=[0, 1, 2, 3, 10]
series1 = pd.Series(list1, index = ['a', 'b', 'c', 'd', 'e'], name = 'list')
print("series1:\n{}\n".format(series1))
# 删除数据
series1.drop('a ', inplace = False)
print('删除索引 a 对应数据后的 series1:\n',series1)
# 删除数据
series1.drop('e', inplace = True)
print('删除索引 e 对应数据后的 series1:\n',series1)
```

10.3   DataFrame

DataFrame 是表格型的数据结构，类似关系数据库中的表，具有行列索引，可以将其看作 Series 组成的字典，每个 Series 是 DataFrame 的一列。

10.3.1   创建 DataFrame

DataFrame 函数用于创建 DataFrame 对象，其语法格式如下：

pandas.DataFrame(data = None, index = None, columns = None, dtype = None, copy = False)

其中：

(1) data：接收 ndarray、dict、list 或 DataFrame，表示输入数据，默认为 None。

(2) index：接收 Index、ndarray，表示索引，默认为 None。

(3) columns：接收 Index、ndarray，表示列标签(列名)，默认为 None。

DataFrame 的组成如图 10.2 所示。

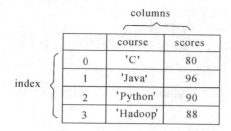

图 10.2　DataFrame 对象

1. 通过字典创建 DataFrame

【例 10-9】 通过字典创建 DataFrame 示例。

本例的程序代码如下：

```
import pandas as pd
data = {
            'name': ['张三','李四','王五'],
            'sex': ['female','male','female'],
            'age': [23,20,19]
            }
df = pd.DataFrame(data, columns = ['name', 'age', 'sex', 'address'])
print('通过 dict 创建的 DataFrame 为：\n',df)
```

程序运行结果如下：

```
通过 dict 创建的 DataFrame 为：
    name   age      sex address
0   张三    23    female     NaN
1   李四    20      male     NaN
2   王五    19    female     NaN
```

2. 通过 list 创建 DataFrame

【例 10-10】 通过 list 创建 DataFrame 示例。

本例的程序代码如下：

```
import pandas as pd
list5 = [[0, 5], [1, 6], [2, 7], [3, 8], [10, 9]]
print('通过 list 创建的 DataFrame 为：\n',
        pd.DataFrame(list5, index = ['a', 'b', 'c', 'd', 'e'], columns = ['col1', 'col5']))
```

3. 通过 Series 创建 DataFrame

通过 Series 创建 DataFrame，每个 Series 为一行，而不是一列。

【例 10-11】 通过 Series 创建 DataFrame 示例。

本例的程序代码如下：

```
import pandas as pd
noteSeries = pd.Series(["C", "D", "E", "F", "G", "A", "B"])
weekdaySeries = pd.Series(["Mon", "Tue", "Wed", "Thu","Fri", "Sat", "Sun"], index=[1,2,3,4,5,6,7])
df10 = pd.DataFrame([noteSeries, weekdaySeries])
print("df10:\n{}\n".format(df10))
```

程序运行结果如下：

```
df10:

    0    1    2    3    4    5    6    7
0   C    D    E    F    G    A    B    NaN
1   NaN  Mon  Tue  Wed  Thu  Fri  Sat  Sun
```

10.3.2　DataFrame 属性

常用的 DataFrame 属性及其说明如表 10.3 所示。

表 10.3　常用的 DataFrame 属性及其说明

属性名	功　能　描　述
T	行列转置
columns	查看列索引名，可得到各列的名称
dtypes	查看各列的数据类型
index	查看行索引名
shape	查看 DataFrame 对象的形状
size	返回 DataFrame 对象包含的元素个数，为行数、列数大小的乘积
values	获取存储在 DataFrame 对象中的数据，返回一个 NumPy 数组
ndim	维度
axes	轴标签

【例 10-12】　访问 DataFrame 属性示例。

```
import pandas as pd
df = pd.DataFrame({'col1': [0, 1, 2, 3, 4], 'col2': [5, 6, 7, 8, 9]}, index = ['a', 'b', 'c', 'd', 'e'])
print('DataFrame 的 Index 为：', df.index)           # Index(['a', 'b', 'c', 'd', 'e'], dtype='object')
print('DataFrame 的列标签为：', df.columns)           # Index(['col1', 'col2'], dtype='object')
print('DataFrame 的列数据类型为：', df.dtypes)         # col1      int64
print('DataFrame 的轴标签为：', df.axes)
print('DataFrame 的维度为：', df.ndim)                 # 2
print('DataFrame 的形状为：', df.shape)                # (5, 2)
print('DataFrame 的数据为：', df.values)
print('DataFrame 的元素个数为：', df.size)             # 10
```

10.3.3　操作 DataFrame

1. 访问 DataFrame 数据

访问 DataFrame 数据有多种方法，如表 10.4 所示。

表 10.4　访问 DataFrame 行列数据的方法

方　法	描　述
df.head(N)	返回前 N 行
df.tail(M)	返回后 M 行
df[m:n]	切片，选取 m～(n-1)行
df[df['列名'] > value]	选取满足条件的行
df.query('列名 > value')	选取满足条件的行
df.query('列名 == [v1，v2，...]')	选取列名等于 v1，v2，…的行
loc	通过行标签索引数据
iloc	通过行号索引行数据
df.ix[:, 'col']	选取 col 列的所有行
df.ix[row, col]	选取某一元素
df['col']	获取 col 列，返回 Series
iat	提取某一个数据

【例 10-13】　选取行列数据示例。

本例的程序代码如下：

```
import pandas as pd
data = {'name': ['张三', '李四', '王五'], 'sex': ['female', 'male', 'female'], 'age': [23, 20, 19],
'address': ['西安市', '郑州市', '北京市'] }
df = pd.DataFrame(data, columns = ['name', 'age', 'sex','address'],index = ['a', 'b', 'c'])
print('默认返回前 5 行数据为: \n', df.head())
print('返回后 2 行数据为: \n', df.tail(2))
print(df[1:2])
df2 = df.iloc[[0, 2], [1, 3]]    #提取不连续行和列的数据，提取第 0、2 行，第 1、3 列的数据
print(df2)
# 提取某一个数据，提取第 2 行、第 2 列数据(默认从 0 开始)
df3 = df.iat[1, 1]
print(df3)
w1 = df['name']
print(w1)
```

```
w2 = df[df['age']>20]
print(w2)
w3 = df.query('age == 20')
print(w3)
```

程序运行结果如下：

默认返回前 5 行数据为：

	name	age	sex	address
a	张三	23	female	西安市
b	李四	20	male	郑州市
c	王五	19	female	北京市

返回后 2 行数据为：

	name	age	sex	address
b	李四	20	male	郑州市
c	王五	19	female	北京市

	name	age	sex	address
b	李四	20	male	郑州市

	age	address
a	23	西安市
c	19	北京市

20

a	张三
b	李四
c	王五

Name: name, dtype: object

	name	age	sex	address
a	张三	23	female	西安市

	name	age	sex	address
b	李四	20	male	郑州市

2. 更新 DataFrame 数据

【例 10-14】 更新 DataFrame 数据示例。

本例的程序代码如下：

```
import pandas as pd
df = pd.DataFrame({'col1': [0, 1, 2, 3, 4], 'col5': [5, 6, 7, 8, 9]}, index = ['a', 'b', 'c', 'd', 'e'])
print('DataFrame 为： \n', df)
# 更新列
df['col1'] = [10, 11, 12, 13, 14]
print('更新列后的 DataFrame 为： \n', df)
```

3. 添加 DataFrame 数据

【例 10-15】 插入 DataFrame 数据示例。

本例的程序代码如下：

```
import pandas as pd
df3 = pd.DataFrame({"note" : ["C", "D", "E", "F", "G", "A","B"], "weekday": ["Mon", "Tue", "Wed",
"Thu", "Fri", "Sat","Sun"]})
print("df3:\n{}\n".format(df3))
df3["No."] = pd.Series([1, 2, 3, 4, 5, 6, 7])          # 采用赋值的方法插入列
print("df3:\n{}\n".format(df3))
```

4. 删除 DataFrame 数据

删除 DataFrame 数据可以使用 del、pop、drop 等方法。其中，drop 方法语法式如下：

DataFrame.drop(labels，axis，levels，inplace)

其中：

(1) labels：接收 string 或 array，表示删除的行或列的标签，无默认值。

(2) axis：接收 0 或 1，表示执行操作的轴向，其中 0 表示行，1 表示列，默认为 0。

(3) levels：接收 int 或者索引名，表示索引级别，默认为 None。

(4) inplace：接收 bool，表示操作是否对原数据生效，默认为 False。

【例 10-16】　删除 DataFrame 数据示例。

本例的程序代码如下：

```
import pandas as pd
df = pd.DataFrame({'col1': [0, 1, 2, 3, 10], 'col5': [5, 6, 7, 8, 9]}, index = ['a', 'b', 'c', 'd', 'e'])
df['col3'] = [10, 16, 17, 18, 19]
print('插入列后的 DataFrame 为：\n', df)
df.drop(['col3'], axis = 1, inplace = True)
print('删除 col3 列 DataFrame 为：\n', df)
# 删除行
df.drop('a', axis = 0, inplace = True)
print('删除 a 行 DataFrame 为：\n', df)
```

10.4　Index

Index 对象保存着索引标签数据，通过它可以快速找到标签对应的整数下标。index 对象具有字典的映射功能，可以通过 get_loc(value)获得下标，通过 get_indexer(values)获得一组值的下标，当值不存在时返回−1。

10.4.1　创建 Index

创建 Index 对象有隐式创建和显式创建两种方式。

1. 隐式创建

隐式创建是指创建 Series 或 DataFrame 等对象时，索引都会被转换为 Index 对象。

【例 10-17】 创建 Index 示例(隐式创建)。

本例的程序代码如下：

```
import  pandas  as pd
dict1={"Province":["Guangdong","Beijing","Qinghai","Fujiang"],"year":[2021]*4}
df1=pd.DataFrame(dict1)
print(df1)


col_index=df1.columns
print(col_index.values)


ind_index=df1.index
print(ind_index.values)
print(col_index[[0]])
print(col_index.get_loc('Province'))
print(col_index.get_indexer(['Province','year']))
```

程序运行结果如下：

```
    Province   year
0  Guangdong   2021
1    Beijing   2021
2    Qinghai   2021
3    Fujiang   2021
['Province' 'year']
[0 1 2 3]
Index(['Province'], dtype='object')
0
[0 1]
```

2. 显式创建

显式创建是指 Index 对象可以通过 pandas.Index()函数创建。

【例 10-18】 创建 Index 示例(显示创建)。

本例的程序代码如下：

```
import pandas as pd
index=pd.Index(['a', 'b', 'c'])
df = pd.DataFrame({'col1': [0, 1, 2], 'col2': [5, 6, 7]}, index = index)
print(df)
print(df.index)
print(df.columns)
print('a' in df.index)
print( 10 in df.columns)
```

程序运行结果如下：

```
     col1   col2
a      0      5
b      1      6
c      2      7
Index(['a', 'b', 'c'], dtype='object')
Index(['col1', 'col2'], dtype='object')
True
False
```

10.4.2　Index 的属性与方法

1. 相关属性

Index 对象常用的属性及其说明如下：

（1）is_monotonic：当各元素均大于前一个元素时，返回 True。

（2）is_unique：当 Index 没有重复值时，返回 True。

【例 10-19】　Index 的属性示例。

本例的程序代码如下：

```
import pandas as pd
df = pd.DataFrame({'col1': [0, 1, 5], 'col2': [5, 6, 7]},index = ['a', 'b', 'c'])
print('DataFrames 的 Index 为：', df.index)
print('DataFrame 中 Index 各元素是否大于前一个：', df.index.is_monotonic)
print('DataFrame 中 Index 各元素是否唯一：', df.index.is_unique)
```

程序运行结果如下：

```
DataFrames 的 Index 为：Index(['a', 'b', 'c'], dtype='object')
DataFrame 中 Index 各元素是否大于前一个：True
DataFrame 中 Index 各元素是否唯一：True
```

2. 交集、差集和并集

Index 对象的交集、差集和并集方法如表 10.5 所示。

表 10.5　Index 对象的交集、差集、并集相关方法

方　法	含　义
difference	计算两个 Index 对象的差集
intersection	计算两个 Index 对象的交集
union	计算两个 Index 对象的并集

【例 10-20】　Index 对象的常用方法示例。

本例的程序代码如下：

```
import pandas as pd
```

```
df1 = pd.DataFrame({'col1': [0, 1, 2, 3]}, index = ['a', 'b', 'c', 'd'])
df5 = pd.DataFrame({'col5': [5, 6, 7]}, index = ['b', 'c', 'd'])
index1 = df1.index
index5 = df5.index
print('index1 与 index5 的差集为：\n', index1.difference(index5))
print('index1 与 index5 的交集为：\n', index1.intersection(index5))
print('index1 与 index5 的并集为：\n', index1.union(index5))
```

程序运行结果如下：

```
index1 与 index5 的差集为：
 Index(['a'], dtype = 'object')
index1 与 index5 的交集为：
 Index(['b', 'c', 'd'], dtype = 'object')
index1 与 index5 的并集为：
 Index(['a', 'b', 'c', 'd'], dtype = 'object')
```

3. 操作方法

Index 对象操作的相关方法如表 10.6 所示。

表 10.6   Index 对象的操作相关方法

方　法	含　　义
append	连接另一个 Index 对象，产生一个新的 Index
isin	计算一个 Index 是否在另一个 Index 中，返回 bool 数组
delete	删除指定 Index 的元素，并得到新的 Index
insert	将元素插入到指定 Index 处，并得到新的 Index

【例 10-21】 Index 对象的增删改查示例。

本例的程序代码如下：

```
import pandas as pd
df1 = pd.DataFrame({'col1': [0, 1, 2, 3]}, index = ['a', 'b', 'c', 'd'])
df5 = pd.DataFrame({'col5': [5, 6, 7]},index = ['b','c','d'])
index1 = df1.index
print(index1)
index5 = df5.index
print(index5)
print('index1 连接 index5 后结果为：\n', index1.append(index5))
print('index1 中的元素是否在 index5 中：\n', index1.isin(index5))
print(index1.delete(0))
print(index5.insert(1, 'z'))
```

程序运行结果如下：

Index(['a', 'b', 'c', 'd'], dtype = 'object')

Index(['b', 'c', 'd'], dtype = 'object')

index1 连接 index5 后结果为：

　Index(['a', 'b', 'c', 'd', 'b', 'c', 'd'], dtype = 'object')

index1 中的元素是否在 index5 中：

　[False　True　True　True]

Index(['b', 'c', 'd'], dtype = 'object')

Index(['b', 'z', 'c', 'd'], dtype = 'object')

10.4.3　Reindex

　　Reindex(重建索引)是 Series 或 DataFrame 创建新索引的新对象，是对索引重新排序而不是重新命名。如果新添加的索引没有对应的值，则默认以 NaN 填充，或者用 fill-value 方法进行设置。

　　【例 10-22】 Reindex 示例。

　　本例的程序代码如下：

```
import pandas as pd
data = { 'name': ['张三','李四','王五'], 'sex': ['female','male','female'], 'age': [23,20,19] }
df = pd.DataFrame(data, columns = ['name', 'age', 'sex'],index = ['a', 'b', 'c'])
print(df)
df1=df.reindex(['c', 'b','a','d'])
print(df1)
df2=df.reindex(['a', 'b', 'c','d'],fill_value=0)
print(df2)
```

　　程序运行结果如下：

	name	age	sex
a	张三	23	female
b	李四	20	male
c	王五	19	female
	name	age	sex
c	王五	19.0	female
b	李四	20.0	male
a	张三	23.0	female
d	NaN	NaN	NaN
	name	age	sex
a	张三	23	female
b	李四	20	male
c	王五	19	female
d	0	0	0

注意：参数 method 用于重新索引时，选择插值的处理方式，取值为 ffill/pad 表示前向或进位填充，取值为 bfill/backfill 表示后向或进位填充。

【例 10-23】 Reindex 参数 method 示例。

本例的程序代码如下：

```
import pandas as pd
obj1 = pd.Series(['blue', 'purple', 'yellow'], index=[0, 1,2])
print(obj1)
obj2 =obj1.reindex(range(6), method='ffill')
print("前向填充:\n",obj2)
obj3 =obj1.reindex(range(6), method='backfill')
print("后向填充:\n",obj3)
```

程序运行结果如下：

```
0        blue
1        purple
2        yellow
dtype: object
前向填充:
 0        blue
1        purple
2        yellow
3        yellow
4        yellow
5        yellow
dtype: object
后向填充:
 0        blue
1        purple
2        yellow
3        NaN
4        NaN
5        NaN
dtype: object
```

10.5 可 视 化

对于 Pandas 数据，直接使用 Pandas 提供的绘图方法比使用 Matplotlib 方法更加方便简单。Pandas 有以下两种绘制线形图的方法。

(1) 直接利用 DataFrame.plot(kind = ")方法绘制，其语法格式如下：

　　　DataFrame.plot(x = None, y = None, kind = 'line'…)

kind 参数的取值如表 10.7 所示。

10.7　kind 参数的取值

数　值	含　义	数　值	含　义	数　值	义
line	折线图	bar	条形图	hist	直方图
box	箱形图	kde	密度估计图	area	面积图
pie	饼图	scatter	散点图	hexbin	六边形图

(2) 利用 DataFrame.plot.kind(self，x = None，y = None，**kwargs)方法绘制。

1. 散点图

Pandas 提供 scatter 函数，用于绘制散点图。

【例 10-24】 绘制散点图方法示例。

本例的程序代码如下：

```
import numpy  as  np
import pandas as pd
wdf = pd.DataFrame(np.arange(20),columns=['W'])
wdf['Y']=wdf['W']*1.5+2
wdf.iloc[3,1]=128
wdf.iloc[18,1]=150
wdf.plot(kind = 'scatter', x='W',y='Y')
```

程序运行结果如图 10.3 所示。

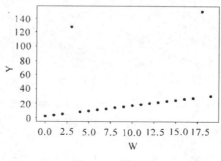

图 10.3　散点图

2. 条形图

Pandas 提供 bar 函数，用于绘制条形图。

【例 10-25】 绘制条形图方法示例。

本例的程序代码如下：

```
import pandas as pd
import numpy as np
import matplotlib.pyplot as plt
df2 = pd.DataFrame(np.random.rand(10, 4), columns=['a', 'b', 'c', 'd'])
df2.plot.bar()
plt.show()
```

程序运行结果如图 10.4 所示。

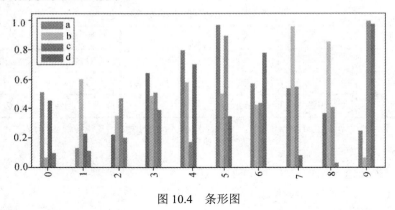

图 10.4　条形图

3. 直方图与密度图

Pandas 提供 hist 和 kde 参数，用于绘制直方图与密度图。

【例 10-26】 绘制直方图与密度图方法示例。

本例的程序代码如下：

```
import pandas as pd
import numpy as np
n1 = np.random.normal(loc=10, scale=5, size=1000)
n2 = np.random.normal(loc=50, scale=7, size=1000)
n = np.hstack((n1, n2))
s = pd.DataFrame(data=n)
s.plot(kind = 'hist', bins=100, density=True)
s.plot(kind = 'kde')
```

程序运行结果如图 10.5 和图 10.6 所示。

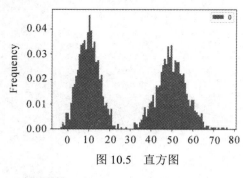

图 10.5　直方图

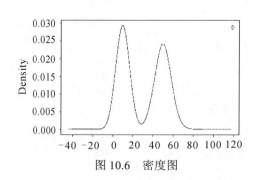

图 10.6　密度图

4. 箱形图

Pandas 提供 boxplot 函数，用于绘制箱形图。

【例 10-27】 绘制箱形图方法示例。

本例的程序代码如下：

```
import numpy    as    np
import pandas as pd
```

```
wdf = pd.DataFrame(np.arange(20),columns=['W'])
wdf['Y']=wdf['W']*1.5+2
wdf.iloc[3,1]=128
wdf.iloc[18,1]=150
import matplotlib.pyplot as plt
plt.boxplot(wdf)
plt.show()
```

程序运行结果如图 10.7 所示。

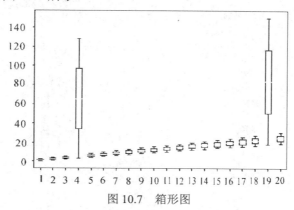

图 10.7　箱形图

5. 面积图

Pandas 提供 area 函数，用于绘制面积图。

【例 10-28】　绘制面积图方法示例。

本例的程序代码如下：

```
import pandas as pd
import numpy as np
import matplotlib.pyplot as plt
df = pd.DataFrame(np.random.rand(10, 4), columns=['a', 'b', 'c', 'd'])
df.plot.area()
plt.show()
```

程序运行结果如图 10.8 所示。

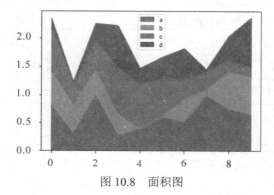

图 10.8　面积图

6. 六边形分箱图

Pandas 提供 hexbin 函数，用于绘制六边形分箱图。

【例 10-29】 绘制六边形分箱图方法示例。

本例的程序代码如下：

```
import pandas as pd
import numpy as np
import matplotlib.pyplot as plt
df = pd.DataFrame(np.random.randn(1000, 2), columns=['a', 'b'])
df['b'] = df['b'] + np.arange(1000)
df.plot.hexbin(x='a', y='b', gridsize=25)
plt.show()
```

程序运行结果如图 10.9 所示。

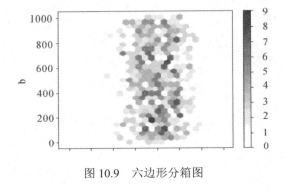

图 10.9　六边形分箱图

10.6　数据转换

Pandas 提供多个数据转换函数，如表 10.8 所示。

表 10.8　数据转换函数

函 数 名	说　　明
df. replace(a，b)	用 b 替换 a 的值
df['col1'].map()	对指定列进行函数转换，用于 Series
pd.merge(df1, df2)	用于合并 df1 和 df2，按照共有的列连接
df1.combine_first(df2)	用 df2 的数据补充 df1 的缺失值
pandas.cut	将连续数据进行离散化

1. 数据替换

Pandas 提供 replace 函数，用于实现数据替换。

【例 10-30】 df.replace()函数应用示例。

本例的程序代码如下：

```
import pandas as pd
# 创建数据集
df = pd.DataFrame(
        { '名称':['产品 1', '产品 2', '产品 3', '产品 10', '产品 5', '产品 6', '产品 7', '产品 110'],
            '数量':['A', '0.7', '0.110', '0.10', '0.7', 'B', '0.76', '0.2110'],
            '金额':['0', '0.10110', '0.33', 'C', '0.710', '0', '0', '0.22'],
            '合计':['D', '0.37', '0.2110', 'E', '0.57', 'F', '0', '0.06'], }
        )
# 原 DataFrame 并没有改变,改变的只是一个复制品。
print("df:\n{}\n".format(df))
df1=df.replace('A', 0.1)
print("df1:\n{}\n".format(df1))
# 只需要替换某个数据的部分内容
df2=df['名称'].str.replace('产品', 'product')
print("df2:\n{}\n".format(df2))
# 如果需要改变原数据，则需要添加常用参数 inplace=True，用于替换部分区域
df['合计'].replace({'D':0.11111, 'F':0.22222}, inplace=True)
print("df:\n{}\n".format(df))
```

2. 数据映射

Pandas 提供 map 函数，用于实现数据映射。

【例 10-31】 df1[].map 函数应用示例。

本例的程序代码如下：

```
import pandas as pd
import numpy as np
data ={'姓名':['周元哲', '潘婧', '詹涛', '王颖', '李震'], '性别':['1', '0', '0', '0', '1']}
df = pd.DataFrame(data)
df['成绩'] = [91, 56, 82, 67, 77]
print(df)
def grade(x):
    if x >= 90:
        return '优秀'
    elif x >= 80:
        return '良好'
    elif x >= 70:
        return '中等'
    elif x >= 60:
        return '及格'
```

```
        else:
            return '不及格'
df['等级'] = df['成绩'].map(grade)
print(df)
```

3. 数据合并

Pandas 提供 merge 函数，用于实现数据合并。

【例 10-32】 pd.merge(df1, df2)函数应用示例。

本例的程序代码如下：

```
import pandas as pd
left = pd.DataFrame({'key': ['K0', 'K1', 'K2', 'K3'], 'A': ['A0', 'A1', 'A2', 'A3'],'B': ['B0', 'B1', 'B2', 'B3']})
right = pd.DataFrame({'key': ['K0', 'K1', 'K2', 'K3'], 'C':['C0', 'C1', 'C2', 'C3'],'D': ['D0', 'D1', 'D2', 'D3']})
result = pd.merge(left, right, on='key')
# on 参数传递的 key 作为连接键
print("left:\n{}\n".format(left))
print("right:\n{}\n".format(right))
print("merge:\n{}\n".format(result))
```

4. 数据补充

Pandas 提供 combine_first 函数，用于实现数据补充。

【例 10-33】 df1.combine_first(df2)函数应用示例。

本例的程序代码如下：

```
import numpy as np
import pandas as pd
a = pd.Series([np.nan, 2.5, np.nan, 3.5, 10.5], index = ['f', 'e', 'd', 'c', 'b'])
b = pd.Series([1, np.nan, 3, 10, 5], index = ['f', 'e', 'd', 'c', 'b'])
print(a)
print(b)
c=b.combine_first(a)
print(c)
```

5. 数据离散化

Pandas 提供 cut 函数，用于实现数据离散化。

【例 10-34】 数据离散化示例。

本例的程序代码如下：

```
import pandas as pd
ages=[20,7,37,31,68,105,52]
bins=[0,18,35,50,60]
cuts=pd.cut(ages,bins)
print(cuts)
```

10.7　数 据 处 理

1. 填充缺失值

Pandas 使用 NaN(Not a Number)表示缺失值，使用 df.fillna()实现填充缺失值，其语法格式如下：

　　　　DataFrame.fillna(value=None, method=None, axis=None, inplace=None, limit=None)

df.fillna 参数说明如表 10.9 所示。

表 10.9　df.fillna 参数说明

参　　数	说　　明
value	用于填充缺失值的标量值或字典对象
method	插值方式
axis	数据删除维度：取值 0 为行；取值 1 为列
inplace	修改调用者对象而不产生副本
limit	可以连续填充的最大数量

【例 10-35】　df.fillna(num)应用示例。

本例的程序代码如下：

```
from numpy import nan as NaN
import pandas as pd
df1=pd.DataFrame([[1,2,3],[NaN,NaN,2],[NaN,NaN,NaN],[8,8,NaN]])
print("df1:\n{}\n".format(df1))
print(df1.notnull())        # notnull 函数判断是否有空值
df2=df1.fillna(50)
print("df2:\n{}\n".format(df2))
```

2. 删除缺失值

df.dropna()函数用于删除缺失值，其语法格式如下：

　　　　DataFrame.dropna(axis=0, how='any', thresh=None, subset=None, inplace=False)

df.dropna 参数说明如表 10.10 所示。

表 10.10　df.dropna 参数说明

参　　数	说　　明
Axis	数据删除维度：取值 0 为行，取值 1 为列
how	{'any', 'all'}，默认'any'，删除带有 nan 的行；all，删除全为 nan 的行
thresh	int，保留至少 int 个非 nan 行
subset	在部分标签中删除某些列
inplace	接受 bool 型参数，即 True 和 False，表示是否修改源文件

【例 10-36】　df.dropna()函数示例。

本例的程序代码如下：

```
from numpy import nan as NaN

import pandas as pd

df1=pd.DataFrame([[1,2,3],[NaN,NaN,2],[NaN,NaN,NaN],[8,8,NaN]])

print("df1:\n{}\n".format(df1))

df2=df1.dropna()

print("df2:\n{}\n".format(df2))
```

3. 清洗重复值

Pandas 提供的 df.duplicated()和 df.drop_duplicates()用于处理重复值。其中，df.duplicated()
用于判断各行是否重复，df.drop_duplicates()用于删除重复行。其语法格式如下：

DataFrame.drop_duplicates(self, subset=None, keep='first', inplace=False)

drop.duplicated 参数说明如表 10.11 所示。

表 10.11　drop_duplicates 参数说明

参　　数	说　　　　明
subset	接收 String 或 Sequence，表示进行去重的列，默认为全部列
keep	表示重复时保留第几个数据，'first' 为保留第一个，'last' 为保留最后一个
inplace	表示是否在原表上进行操作，默认为 False(不在原表上进行操作)

【例 10-37】　清洗重复值示例。

本例的程序代码如下：

```
import pandas as pd    # 导入 Pandas 库

data=pd.DataFrame({'a':[2,2,2,2],'b':[2,2,2,2],'c':[2,2,1,3],'d':[1,1,3,3]})

print(data)

isDuplicated = data.duplicated()                       # 判断重复数据记录

print("重复值为：\n",isDuplicated)                      # 打印输出

print("删除重复值后：\n",data.drop_duplicates())

data.drop_duplicates(subset=['a','b'], keep='first',inplace=True)

print("有条件地删除重复值后：\n",data)
```

程序运行结果如下：

```
   a  b  c  d
0  2  2  2  1
1  2  2  2  1
2  2  2  1  3
3  2  2  3  3
重复值为：
0    False
1    True
```

```
2       False
3       False
dtype: bool
删除重复值后：
      a  b  c  d
0     2  2  2  1
2     2  2  1  3
3     2  2  3  3
删除重复值后：
      a  b  c  d
0     2  2  2  1
```

课 后 习 题

一、问答题

1．Pandas 在数据分析中主要有哪些功能？

2．series 和 DataFrame 两个数据类型的作用是什么？

3．Pandas 如何实现数据转换？

4．Pandas 提供哪些方法用于数据清洗？

二、编程题

某数据如表 10.12 所示，请用 Pandas 进行缺失值处理。

表 10.12　数　据

	One	Two	Three
a	0.077	NaN	0.966
b	NaN	NaN	NaN
c	−0.395	−0.551	−2.303
d	NaN	0.67	NaN
e	14	14	NaN

第 11 章　SciPy

SciPy 是专为科学和工程设计的 Python 工具包，构建在 NumPy 之上，具有实现统计、优化、整合以及线性代数模块、傅里叶变换、常微分方差的求解等数据处理功能。

11.1　认识 SciPy

SciPy 作为 Python 科学计算程序的核心包，类似于 Matlab 和 Mathematica 等数学计算工具，具有线性代数及常微分方程数值求解、信号处理、图像处理等功能，可进行矩阵运算、线性代数、最优化方法、快速傅里叶变换等运算。

在 Anaconda Prompt 下，使用命令"pip install scipy"安装 Scipy，如图 11.1 所示。

```
(base) C:\Users\Administrator>pip install scipy
Requirement already satisfied: scipy in c:\programdata\anaconda3\lib\site-packag
es
You are using pip version 9.0.3, however version 10.0.0 is available.
You should consider upgrading via the 'python -m pip install --upgrade pip' comm
and.
```

图 11.1　SciPy 的下载和安装

SciPy 教程页面如图 11.2 所示。

图 11.2　SciPy 教程页面

SciPy 科学计算库内容如表 11.1 所示。

表 11.1　SciPy 科学计算库

功　能	模　块	功　能	模　块
积分	scipy.integrate	线性代数	scipy.linalg
信号处理	scipy.signal	稀疏矩阵	scipy.sparse
空间数据结构和算法	scipy.spatial	统计学	scipy.stats
最优化	scipy.optimize	多维图像处理	scipy.ndimage
插值	scipy.interpolate	聚类	scipy.cluster
曲线拟合	scipy.curve-fit	文件输入/输出	scipy.io
傅里叶变换	scipy.fftpack	—	—

11.2　稀　疏　矩　阵

11.2.1　创建稀疏矩阵

稀疏矩阵是指矩阵中数值为 0 的元素数目远远多于数值非 0 元素的数目，并且数值非 0 元素分布没有规律的矩阵。

SciPy 的 scipy.sparse 模块提供了 coo_matrix 函数实现稀疏矩阵，其语法格式如下：

coo_matrix((data, (i, j)), [shape = (M, N)])

其中：

(1) data：矩阵数据；

(2) i：行的指示符号；

(3) j：列的指示符号；

(4) shape：coo_matrix 原始矩阵的形状。

【例 11-1】　创建稀疏矩阵示例。

本例的程序代码如下：

```
from scipy.sparse import    *
import numpy as np
A = coo_matrix([[1, 2, 0], [0, 0, 3], [4, 0, 11]])
print(A)
# 转化为普通矩阵
C = A.todense()
print(C)
# 传入一个 (data, (row, col)) 的元组来构建稀疏矩阵
I = np.array([0, 3, 1, 0])
J = np.array([0, 3, 1, 2])
data = np.array([4, 11, 7, 9])
```

```
A = coo_matrix((data, (I, J)), shape = (4, 4))
# data = [4, 11, 7, 9], 说明第 1 个数据是 4, 在第 0 行第 0 列, 即 A[i[k], j[k]] = data[k]。
print(A)
```

程序运行结果如下:

```
(0, 0)        1
(0, 1)        2
(1, 2)        3
(2, 0)        4
(2, 2)        11
[[1 2 0]
 [0 0 3]
 [4 0 11]]
(0, 0)        4
(3, 3)        11
(1, 1)        7
(0, 2)        9
```

11.2.2 CSR 矩阵

CSR 是 Compressed Sparse Row 的缩写, 意为压缩稀疏行。

1. 创建 CSR 矩阵

SciPy 通过 sciPy.sparse.csr_matrix()函数传递数组来创建一个 CSR 矩阵。

【例 11-2】 创建 CSR 矩阵示例。

本例的程序代码如下:

```
import numpy as np
from scipy.sparse import csr_matrix
arr = np.array([0, 0, 0, 0, 0, 1, 1, 0, 2])
print(csr_matrix(arr))
```

程序运行结果如下:

```
(0, 5)        1
(0, 6)        1
(0, 8)        2
```

结果解析如下:

第一行: 在矩阵第一行(索引值 0)第六(索引值 5)个位置有一个数值 1。

第二行: 在矩阵第一行(索引值 0)第七(索引值 6)个位置有一个数值 1。

第三行: 在矩阵第一行(索引值 0)第九(索引值 8)个位置有一个数值 2。

2. CSR 矩阵属性方法

CSR 矩阵的 data 属性用于查看存储的数据(不含 0 元素)。count_nonzero()方法用于计算数值非 0 元素的总数。

【例 11-3】 CSR 矩阵方法示例。

本例的程序代码如下：

```python
import numpy as np
from scipy.sparse import csr_matrix
arr = np.array([[0, 0, 0], [0, 2, 3], [1, 0, 2]])
print(csr_matrix(arr).data)
print(csr_matrix(arr).count_nonzero())
```

程序运行结果如下：

```
[2 3 1 2]
4
```

11.3　SciPy 图结构

图论中，图 **G** 由两个集合 **V** 和 **E** 组成，可记为

$$G = (V, E)$$

其中 **V** 是节点的有穷非空集合，**E** 是 **V** 中节点之间边的有穷集。图 11.3 为有向图，其中节点集 **V**(**G**) = {*a*, *b*, *c*, *d*, *e*}，关系集 **E**(**G**) = {<*a*, *b*>, <*a*, *e*>, <*b*, *c*>, <*c*, *d*>, <*d*, *a*>, <*d*, *b*>, <*e*, *c*>}。

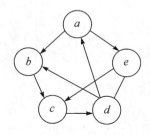

图 11.3　图的逻辑结构示意图

《数据结构》的图论相关知识由 SciPy 的 scipy.sparse.csgraph 模块进行处理。

11.3.1　邻接矩阵与邻接表

图的存储可以采用邻接矩阵与邻接表。

1. 邻接矩阵

邻接矩阵(Adjacency Matrix)用一维数组存储图的顶点信息，用矩阵表示图中各节点之间的邻接关系。很容易确定邻接矩阵节点间是否相连，但要确定有多少条边，必须按行或按列扫描，时间代价很大，这是邻接矩阵的局限性。

对于 *n* 个节点的无向图，其邻接矩阵是一个 *n* × *n* 的方阵，定义为

$$A[i][j] = \begin{cases} 1 & <v_i, v_j> \in E \\ 0 & otherwise \end{cases}$$

【例 11-4】 无向图如图 11.4 所示，其邻接矩阵为

图 11.4　邻接矩阵

对于 n 个节点的有向图，其邻接矩阵是一个 $n \times n$ 的方阵，定义为

$$A[i][j] = \begin{cases} 1 & <v_i, v_j> \in E \\ \infty & otherwise \\ 0 & i == j \end{cases}$$

【例 11-5】 有向图如图 11.5 所示，其邻接矩阵为

图 11.5　有向图的邻接矩阵

对于加权图，用 w_{ij} 表示边 $<v_i, v_j>$ 的权值。如果边不存在，则在矩阵中赋 ∞ 值，其邻接矩阵为

$$A[i][j] = \begin{cases} w_{ij} & <v_i, v_j> \in E \\ \infty & otherwise \end{cases}$$

【例 11-6】 以图 11.6 所示的代权图为例，其邻接矩阵为

图 11.6　加权有向图的邻接矩阵

无向图或有向图邻接矩阵具有以下特点：

(1) 无向图邻接矩阵是一个对称矩阵，因此只需存放上(或下)三角矩阵元素即可。

(2) 无向图邻接矩阵的第 i 行(或第 i 列)数值非 0 元素(或数值非 ∞ 元素)个数是第 i 个节点的度。

(3) 有向图邻接矩阵的第 i 行(或第 i 列)数值非 0 元素(或数值非∞元素)个数是节点 i 的出度(或入度)。

2. 邻接表

邻接表一种顺序存储与链式存储相结合的方法。对于图 G 中的每个节点 v_i，将所有邻接于 v_i 的节点 v_j 链成一个单链表，这个单链表称为节点 v_i 的邻接表，再将所有节点的邻接表的表头放入数组中，就构成了图的邻接表。邻接表如图 11.7 所示。

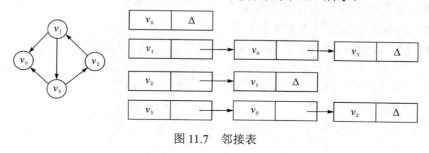

图 11.7　邻接表

11.3.2　图的遍历

图的遍历是指从图中某个节点出发访遍图中其余顶点且仅访问一次的过程，具有深度优先遍历和广度优先遍历两种方式。

1. 深度优先遍历

假设从图中某个节点 v 出发，访问此顶点，然后依次从 v 的未被访问的邻接点出发深度优先遍历图，直至图中所有和 v 有路径相通的顶点都被访问到；若此时图中尚有顶点未被访问，则另选图中一个未曾被访问的顶点作为起始点，重复上述过程，直至图中所有顶点都被访问到为止。

【例 11-7】　以图 11.8 为例，说明如何进行深度优先遍历。

解析　从顶点 a 出发，深度优先遍历如图 11.9 所示。

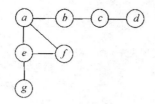

图 11.8　无向图 G

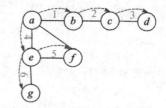

图 11.9　深度优先遍历

深度优先遍历的详细步骤如下：

第 1 步　访问 a。

第 2 步　访问 a 的邻接点 b(a 的邻接点 e、f、b 中的一个，因为 b 在 e 和 f 的前面，因此先访问 b)。

第 3 步　访问 b 的邻接点 c。

第 4 步　访问 c 的邻接点 d。

第 5 步　访问 a 的邻接点 e(因为 d 没有未被访问的邻接点，所以回溯到 c 和 b；又因 c

和 d 也没有未被访问的邻接点，所以回到 a；再访问 a 的邻接点 e 和 f 中的一个，因 e 在 f 前，所以先访问 e）。

第 6 步　访问 e 的邻接点 f（e 有两个未被访问的邻接点 g 和 f，因为 f 在 g 前，所以先访问 f）。

第 7 步　访问 e 的邻接点 g（f 没有未被访问的邻接点，回溯到 e，访问邻接点 g）。

因此访问顺序是：$a \rightarrow b \rightarrow c \rightarrow d \rightarrow e \rightarrow f \rightarrow g$。

实现深度优先遍历的方法有以下两种。

方法 1　Python 语言实现深度优先遍历。

【例 11-8】　针对图 11.10，从 0 结点出发进行深度优先遍历。

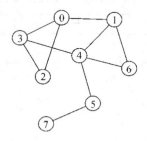

图 11.10　无向图

图 11.10 的邻接表如下：

```
G = [
    {1, 2, 3},          # 0
    {0, 4, 6},          # 1
    {0, 3},             # 2
    {0, 2, 4},          # 3
    {1, 3, 5, 6},       # 4
    {4, 7},             # 5
    {1, 4},             # 6
    {5, }               # 7
]
from collections import deque
def dfs(G, v, visited = set()):              # 递归调用
    print(v, " ", end = "")
    visited.add(v)                           # 用来存放已经访问过的顶点
    # G[v] 是这个顶点的相邻的顶点
    for u in G[v]:
    # 这一步很重要，否则进入无限循环，只有当这个顶点没有出现在这个集合中才会访问
        if u not in visited:
            dfs(G, u, visited)
print('深度优先 dfs')
dfs(G, 0)
```

程序运行结果如下：

```
深度优先 dfs
0  1  4  3  2  5  7  6
```

方法 2　SciPy 实现深度优先遍历。

SciPy 提供 depth_first_order()方法从一个节点返回深度优先遍历的顺序，其语法格式如下：

scipy.sparse.csgraph.depth_first_order(csgraph, i_start, directed, return_predecessors)

其中：

(1) csgraph：图的邻接矩阵；

(2) i_start：确定哪个节点为图开始遍历的节点。

(3) directed：布尔值，有向图或无向图；

(4) return_predecessors：布尔值，是否遍历所有路径；

【例 11-9】　采用 depth_first_order()方法实现图 11.10 的深度优先遍历。

本例的程序代码如下：

```
import numpy as np
from scipy.sparse.csgraph import depth_first_order
from scipy.sparse import csr_matrix
#图 11.10 的邻接矩阵
arr = np.array([
    [0, 1, 1, 1, 0, 0, 0, 0],       # 0
    [1, 0, 0, 0, 1, 0, 1, 0],       # 1
    [1, 0, 0, 1, 0, 0, 0, 0],       # 2
    [1, 0, 1, 0, 1, 0, 0, 0],       # 3
    [0, 1, 0, 1, 0, 1, 1, 0],       # 4
    [0, 0, 0, 0, 1, 0, 0, 1],       # 5
    [0, 1, 0, 0, 1, 0, 0, 0],       # 6
    [0, 0, 0, 0, 0, 1, 0, 0]        # 7
])

newarr = csr_matrix(arr)
print(depth_first_order(newarr, 0))
```

程序运行结果如下：

```
(array([0, 1, 4, 3, 2, 5, 7, 6]), array([-9999,    0,    3,    4,    1,    4,    4,    5]))
```

2. 广度优先遍历

广度优先遍历类似于树的层次遍历。假设从图中某顶点 v 出发，在访问了 v 之后依次访问 v 的各个未曾被访问过的邻接点，再分别从这些邻接点出发依次访问它们的邻接点，保证"先被访问的顶点的邻接点"先于"后被访问的顶点的邻接点"被访问，直至图中所有已被访问的顶点的邻接点都被访问。若图中尚有顶点未被访问，则另选图中一个未曾被访问的顶点作为起始点，重复上述过程，直至图中所有顶点都被访问到为止。

【例 11-10】 以图 11.11 为例，说明广度优先遍历的搜索过程。

解析 从顶点 *a* 开始，广度优先遍历如图 11.12 所示。

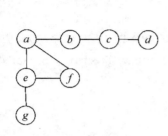

图 11.11 无向图 *G*   图 11.12 无向图

广度优先遍历的详细步骤如下：

第 1 步 访问 *a*；

第 2 步 依次访问 *b*、*e*、*f*；

第 3 步 依次访问 *c*、*g*(依次访问 *b* 的邻接点 *c*，再访问 *e* 的邻接点 *f*)；

第 4 步 访问 *d*(再依次访问 *c* 的邻接点 *d*)。

因此访问顺序是：*a*→*b*→*e*→*f*→*c*→*g*→*d*。

实现广度优先遍历的方法有以下两种。

方法 1 用 Python 语言实现广度优先遍历。

【例 11-11】 针对图 11.10，从 0 节点出发进行广度优先遍历。

本例的程序代码如下：

```
from collections import deque
G = [
    {1, 2, 3},          # 0
    {0, 4, 6},          # 1
    {0, 3},             # 2
    {0, 2, 4},          # 3
    {1, 3, 5, 6},       # 4
    {4, 7},             # 5
    {1, 4},             # 6
    {5, }               # 7
]
print(G)
def bfs(G, v):
    q = deque([v])
            # 同样需要申明一个集合来存放已经访问过的顶点，也可以用列表存放。
    visited = {v}
    while q:
        u = q.popleft()
```

```
                print(u," ",end="")
                for w in G[u]:
                    if w not in visited:
                        q.append(w)
                        visited.add(w)
        print('广度深度优先 bfs')
        bfs(G, 0)
```

程序运行结果如下：

```
[{1, 2, 3}, {0, 4, 6}, {0, 3}, {0, 2, 4}, {1, 3, 5, 6}, {4, 7}, {1, 4}, {5}]
广度深度优先 bfs
0  1  2  3  4  6  5  7
```

方法 2　用 SciPy 实现广度优先遍历。

SciPy 通过 breadth_first_order 方法实现从一个节点返回广度优先遍历的顺序，其语法格式如下：

　　　　scipy.sparse.csgraph.breadth_first_order(csgraph, i_start, directed, return_predecessors)

其中：

(1) csgraph：图的邻接矩阵；

(2) i_start：确定哪个节点为图开始遍历的节点。

(3) directed：布尔值，有向图或无向图；

(4) return_predecessors：布尔值，是否遍历所有路径；

【例 11-12】　采用 breadth_first_order 实现广度优先遍历。

本例的程序代码如下：

```
import numpy as np
from scipy.sparse.csgraph import breadth_first_order
from scipy.sparse import csr_matrix

#图 11.10 的邻接矩阵
arr = np.array([
    [0, 1, 1, 1, 0, 0, 0, 0],        # 0
    [1, 0, 0, 0, 1, 0, 1, 0],        # 1
    [1, 0, 0, 1, 0, 0, 0, 0],        # 2
    [1, 0, 1, 0, 1, 0, 0, 0],        # 3
    [0, 1, 0, 1, 0, 1, 1, 0],        # 4
    [0, 0, 0, 0, 1, 0, 0, 1],        # 5
    [0, 1, 0, 0, 1, 0, 0, 0],        # 6
    [0, 0, 0, 0, 0, 1, 0, 0],        # 7
])
```

```
newarr = csr_matrix(arr)
print(breadth_first_order(newarr, 0))
```

程序运行结果如下：

(array([0, 1, 2, 3, 4, 6, 5, 7]), array([-9999,　　　0,　　　0,　　　0,　　　1,　　　4,　　　1,　　　5]))

11.3.3　迪杰斯特拉算法

迪杰斯特拉(Dijkstra)算法用于解决从一个源点到其他点的最短路径问题。其描述如下：给定带权有向图 $G = (V, E)$，如图 11.13(a)所示，每条边的权是非负实数。给定 V 中的一个顶点，称为源(顶点 1)。计算从源到其他所有各顶点的最短路径长度(路上各边权之和)。

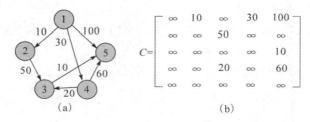

图 11.13　单源最短路径问题

基于贪心策略的 Dijkstra 算法的基本思想是：设置顶点集合 S 并不断地作贪心选择来扩充这个集合。当且仅当从源到该顶点的最短路径长度已知时一个顶点属于集合 S。初始时，S 中仅含有源。设 u 是 G 的某一个顶点，把从源到 u 且中间只经过 S 中顶点的路称为从源到 u 的特殊路径，并用数组 dist 记录当前每个顶点所对应的最短特殊路径长度。Dijkstra 算法每次从 $V - S$(顶点集合 V "减去"集合 S)中取出具有最短特殊路径长度的顶点 u，将 u 添加到 S 中，同时对数组 dist 进行必要的修改。一旦 S 包含了 V 中所有顶点，dist 就记录从源到所有其他顶点之间的最短路径长度。假定图 11.13 中的"顶点 1"为源，计算"顶点 1"到"顶点 5"之间的路径，可能有如表 11.2 所示的几种结果，显然最短路径长度为 60。

表 11.2　Dijkstra 算法计算示例

起点(源)	终点	路　径	路 径 长 度
1	5	1→5	100
		1→4→5	30 + 60 = 90
		1→2→3→5	10 + 50 + 10 = 70
		1→4→3→5	30 + 20 + 10 = 60

算法从顶点集合 $S = \{v\}$ 开始(v 是源)，将剩下的 $n - 1$ 个顶点采用贪心选择法逐步添加到 S 中(扩展 $n - 1$ 次)，从而求出源到其他各个顶点之间的最短距离和最短路径，迭代过程如表 11.3 所示，具体步骤如下：

(1) 数组 s 表示某个顶点是否已加入集合 S，如 $s[u]$ = true；表示顶点 u 已加入集合 S。

(2) 初始化 dist 数组。

(3) 初始化集合 S，即 $S=\{v\}$($\text{dist}[u]=0$；$s[u]=\text{dist}$：)。

(4) 将剩下的 $n-1$ 个顶点采用贪心选择法逐步添加到 S 中(扩展 $n-1$ 次)。

① 贪心选择性：依次处理 n 个顶点，将不属于集合 S($!s[j]$)而且源到该顶点的距离($\text{dist}[j]$)为最小的顶点 u 作为集合 S 中的点加入($s[u]=\text{true}$；如果 $\text{dist}[x]<\text{dist}[y]$，则表示顶点 x 比顶点 y 先加入集合 S)。

② 因为 u 的加入，必须调整源到每个顶点 j 的距离 $\text{dist}[j]$(源 1 到顶点 3)，这是因为源 v 到顶点 j 有可能没有直接连接，但因为 u 的加入实现了间接连接(源 1 到顶点 3；初始时源 1 和顶点 3 之间无连接，当 $u=2$ 时，源 1 和顶点 3 之间建立了间接连接)；或者因为 u 的加入，源到顶点 j 出现了更短的新路径(源 1 到顶点 5；初始时源 1 和顶点 5 之间的距离为 100，当 $u=4$ 时，源 1 和顶点 5 之间出现了更短的路径 1→4→5，其距离为 90)。

表 11.3　Dijkstra 算法的迭代过程

迭　代	S	u	dist[1]	dist[2]	dist[3]	dist[4]
初始	{1}	-	10	maxint	30	100
1	{1, 2}	2	10	60	30	100
2	{1, 2, 4}	4	10	50	30	90
3	{1, 2, 4, 3}	3	10	50	30	60
4	{1, 2, 4, 3, 5}	5	10	50	30	60

SciPy 通过 Dijkstra 方法计算一个元素到其他元素的最短路径，其语法格式如下：

scipy.sparse.csgraph.dijkstra(csgraph, directed, indices, return_predecessors)

其中：

(1) csgraph：图的邻接矩阵；

(2) directed=True：布尔值，有向图或无向图；

(3) indices：确定哪个结点为起始的源点；

(4) return_predecessors：布尔值，是否遍历所有路径。

【例 11-13】　采用迪杰斯特拉算法求图 11.14 中节点的最短路径。

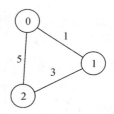

图 11.14　单源最短路径问题

本例的程序代码如下：

```python
import numpy as np
from scipy.sparse.csgraph import dijkstra
from scipy.sparse import csr_matrix


arr = np.array([
    [0, 1, 5],
    [1, 0, 3],
    [5, 3, 0]
])
print(arr)          # 输出邻接矩阵
```

```
newarr = csr_matrix(arr)
print("输出以 0 为起始源点的最短路径")
print(dijkstra(newarr, return_predecessors = True, indices = 0))
print(dijkstra(newarr, return_predecessors = False, indices = 0))

print("输出以 1 为起始源点的最短路径")
print(dijkstra(newarr, return_predecessors = False, indices = 1))
print("输出以 2 为起始源点的最短路径")
print(dijkstra(newarr, return_predecessors = False, indices = 2))
```

程序运行结果如下：

```
[[0 1 5]
 [1 0 3]
 [5 3 0]]
输出以 0 为起始源点的最短路径
(array([0., 1., 4.]), array([-9999,      0,      1]))
[0. 1. 4.]
输出以 1 为起始源点的最短路径
[1. 0. 3.]
输出以 2 为起始源点的最短路径
[4. 3. 0.]
```

11.3.4　弗洛伊德算法

弗洛伊德(Floyd)算法以 1978 年图灵奖获得者——斯坦福大学计算机科学系教授罗伯特•弗洛伊德的名字命名，又称为插点法，用于求解加权图中多源点的任意两点之间的最短路径。弗洛伊德算法的基本思想是：以计算 v_i 到 v_j 的最短路径为例，如果从 v_i 到 v_j 有边，则从 v_i 到 v_j 存在一条长度为 w_{ij} 的路径，但该路径不一定最短，假如在此路径上增加一个节点 v_0，如果(v_i, v_0, v_j)存在，且(v_i, v_j)大于(v_i, v_0, v_j)的路径长度，则(v_i, v_0, v_j)为 v_i 到 v_j 间的最短路径；假如再增加一个节点 v_1，如果(v_i, v_0, v_1, v_j)小于(v_i, v_0, v_j)，则(v_i, v_0, v_1, v_j)为 v_i 到 v_j 的最短路径；依次类推，经过 n 次比较，便可获得从 v_i 到 v_j 的最短路径。

SciPy 通过 floyd_warshall()方法来查找所有元素对之间的最短路径，其语法格式如下：

scipy.sparse.csgraph.floyd_warshall(csgraph, directed, return_predecessors)

其中：

(1) csgraph：图的邻接矩阵；

(2) directed：布尔值，用有向图或无向图；

(3) return_predecessors：布尔值，是否遍历所有路径。

【例 11-14】采用弗洛伊德算法求图 11.15 中任意两节点之间的最短路径。

本例的程序代码如下：

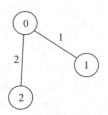

图 11.15　单源最短路径问题

```
import numpy as np
from scipy.sparse.csgraph import floyd_warshall
from scipy.sparse import csr_matrix
arr = np.array([
    [0, 1, 2],
    [1, 0, 0],
    [2, 0, 0]
])


newarr = csr_matrix(arr)
print(floyd_warshall(newarr, return_predecessors=False))
```

程序运行结果如下：

```
[[0. 1. 2.]
 [1. 0. 3.]
 [2. 3. 0.]]
```

11.4　线　性　代　数

scipy.linalg 模块提供了线性代数功能，主要用于矩阵运算和求解线性方程组。

1. 矩阵运算

【例 11-15】 矩阵运算示例。

本例的程序代码如下：

```
from scipy    import    linalg
import numpy as np
A=np.matrix('[1, 2; 3, 4]')
print(A)
print(A.T)             # 转置矩阵
print(A.I)             # 逆矩阵
print(linalg.inv(A))   # 逆矩阵
```

程序运行结果如下：

```
[[1 2]
 [3 4]]
[[1 3]
 [2 4]]
[[-2.   1. ]
 [ 1.5  -0.5]]
```

2. 线性方程组

【例 11-16】 求解线性方程组示例。

$$\begin{cases} x + 3y + 5z = 10 \\ 2x + 5y - z = 6 \\ 2x + 4y + 7z = 4 \end{cases}$$

本例的程序代码如下:

```
from scipy import linalg
import numpy as np
a= np.array([[1, 3, 5], [2, 5, -1], [2, 4, 7]])
b= np.array([10, 6, 4])
x= linalg.solve(a, b)
print(x)
```

程序运行结果如下:

```
[-14.31578947    7.05263158    0.63157895]
```

11.5 数 据 优 化

Scipy 的 optimize 模块具有实现数据优化,包括求解非线性方程组、函数最值以及最小二乘法。

1. 非线性方程组

optimize 模块的 fsolve 函数用于求解非线性方程组,其语法格式如下:

```
fsolve(func, x0)
```

其中:

(1) func 是计算方程组误差的函数,func(x)的参数 x 是一个数组,其值为方程组的一组可能的解,func 返问将 x 代入方程组得到每个方程的误差。

(2) x0 为未知数的一组初始值。

【例 11-17】 求解非线性方程组示例。

$$\begin{cases} 5x_1 + 3 = 0 \\ 4x_0^2 - 2\sin(x_1 x_2) = 0 \\ x_1 x_2 - 1.5 = 0 \end{cases}$$

本例的程序代码如下:

```
from scipy.optimize import fsolve
from math import sin
def f(x):
    x0, x1, x2 = x.tolist()
    return [5*x1+3, 4*x0*x0 - 2*sin(x1*x2), x1*x2-1.5]
```

```
# f 计算方程组的误差，[1,1,1]是初始值
result = fsolve(f, [1, 1, 1])
# 输出方程组的解
print(result)
# 输出误差
print(f(result))
```

程序运行结果如下：

```
[-0.70622057 -0.6          -2.5          ]
[0.0, -9.126033262418787e-14, 5.329070518200751e-15]
```

2. 函数最值

optimize 模块的 minimize 函数用于求解函数最值，其语法格式如下：

scipy.optimize.minimize(fun, x0, args = (), method = None, constraints = ())

其中：

(1) fun：求最小值的目标函数。

(2) x0：变量的初始猜测值，如果有多个变量，需要给每个变量一个初始值。

(3) args：以变量的形式表示 fun，对于常数项，需要给出值。

(4) method：求极值的方法，多用 SLSQP 算法。

(5) constraints：针对参数进行约束限制。

【例 11-18】　求 $y = \dfrac{1}{x} + x$ 的最小值。

本例的程序代码如下：

```
from scipy.optimize import minimize
import numpy as np

# 计算 1/x+x 的最小值
def fun(args):
    a=args
    v=lambda x:a/x[0] +x[0]
    return v
if _name_ == "_main_":
    args = (1)                    # a
    x0 = np.asarray((2))          # 初始猜测值
    res = minimize(fun(args), x0, method='SLSQP')
    print(res.fun)
    print(res.success)
    print(res.x)
```

程序运行结果如下：

2.0000000815356342

True

[1.00028559]

3. 最小二乘法

最小二乘法通过最小化误差的平方和寻找最佳的匹配函数，常用于曲线拟合。最小二乘法需要先定义误差函数 errf，其语法格式如下：

```
def   errf(p, y, x):
        return y - func(x, p)
```

其中：

(1) p：要估计的真实参数；

(2) x：输入；

(3) y：输入对应的数据值，实验数据 x、y 和 p 的差。最小二乘法估计的函数为 leastsq，其语法格式如下：

```
scipy.optimize.leastsq(errf, x0, args = ())
```

其中：

(1) errf：计算误差的函数；

(2) x0：计算的初始参数值；

(3) args：指定 func 的其他参数。

【例 11-19】 最小二乘法示例。

本例的程序代码如下：

```
import    numpy as np
from scipy.optimize import leastsq
import pylab as pl
from pylab import mpl
mpl.rcParams['font.sans-serif'] = ['KaiTi']            # 解决中文乱码
mpl.rcParams['axes.unicode_minus'] = False            # 解决负号显示为方框的问题


def func(x,p):
        # 数据拟合所用函数：   A*sin(2*pi*k*x + theta)
        A,k,theta   = p
        return A*np.sin(2*np.pi*k*x + theta)
def   errf(p,y,x):
        return y - func(x,p)
x = np.linspace(0, -2*np.pi, 100)                     # 创建等差数列，100 表示数据点个数
A,k,theta = 10, 0.34, np.pi/6                         # 真实数据的函数参数
y0 = func(x, [A,k,theta])                             # 真实数据
y1 = y0 + 2* np.random.randn(len(x))                 # 加入噪声后的实验数据


p0   = [7,0.2,0]                                      # 估计的函数拟合参数
```

```
    """ 1. 调用 leastsq 进行数据拟合
        2. errf 为计算误差的函数
        3. p0 为拟合参数的初始值
        4. args 为需要拟合的实验数据
    """
    plsq = leastsq(errf,p0,args = (y1,x))

    print(u"真实参数：", [A,k,theta])
    print(u"拟合参数：", plsq[0])                    # 实验数据拟合后的参数
    # 作图
    pl.plot(x, y0, label = u'真实数据')
    pl.plot(x, y1, label = u'带噪声的实验数据')
    pl.plot(x, func(x,plsq[0]), label = u"拟合数据")
    pl.legend()
    pl.show()
```

如图 11.16 所示，程序运行结果如下：

```
真实参数：  [10, 0.34, 0.5235987755982988]
拟合参数：  [-9.69299546   0.34229556 -2.59238703]
```

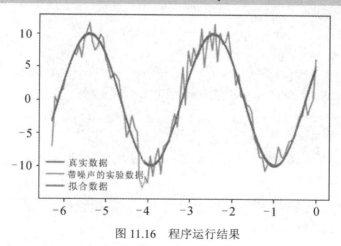

图 11.16　程序运行结果

11.6　概　率　分　布

概率分布有两种类型：离散概率分布和连续概率分布。离散概率分布又称概率质量函数，包括伯努利分布、二项分布、泊松分布和几何分布等。连续概率分布又称概率密度函数，包括正态分布、指数分布和 β 分布等。

常用的概率分布函数如表 11.4 所示。

表 11.4　常用概率分布函数

函 数 名	分 布
norm	正态分布
poisson	泊松分布
uniform	均匀分布
expon	指数分布

1. 泊松分布

泊松分布用于描述单位时间/面积内，随机事件发生的次数，例如，一个月内机器损坏的次数等。函数 scipy.poisson 用于实现泊松分布。

【例 11-20】 泊松分布示例。

本例的程序代码如下：

```
from scipy.stats import poisson
import matplotlib.pyplot as plt
import numpy as np


fig,ax = plt.subplots(1, 1)
mu = 2
# 平均值、方差、偏度、峰度
mean, var, skew, kurt = poisson.stats(mu,moments='mvsk')
print(mean, var, skew, kurt)
# ppf: 累积分布函数的反函数。Q = 0.01 时，ppf 就是 p(X < x) = 0.01 时的 x 值
x = np.arange(poisson.ppf(0.01, mu), poisson.ppf(0.99, mu))
ax.plot(x, poisson.pmf(x, mu), 'o')
plt.title(u'泊松分布')
plt.show()
```

程序运行结果如下：

```
2.0 2.0 0.70710678118611476 0.11
```

本例泊松分布如图 11.17 所示。

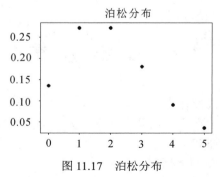

图 11.17　泊松分布

2．正态分布

正态分布又称常态分布、高斯分布，正态曲线两头低中间高，左右对称，因其曲线呈钟形，又称为钟形曲线。函数 scipy.norm 用于实现正态分布。

【例 11-21】　正态分布示例。

本例的程序代码如下：

```
from scipy.stats import norm
import matplotlib.pyplot as plt
import numpy as np

fig,ax = plt.subplots(1,1)
loc = 1
scale = 2.0
# 平均值、方差、偏度、峰度
mean, var, skew, kurt = norm.stats(loc, scale, moments = 'mvsk')
print(mean, var, skew, kurt)
# ppf: 累积分布函数的反函数。Q = 0.01 时，ppf 就是 p(X < x) = 0.01 时的 x 值。
x = np.linspace(norm.ppf(0.01, loc, scale), norm.ppf(0.99, loc, scale), 100)
ax.plot(x, norm.pdf(x, loc, scale), 'b-', label = 'norm')
plt.title(u'正态分布')
plt.show()
```

程序运行结果如下：

```
1.0 4.0 0.0 0.0
```

本例正态分布如图 11.18 所示。

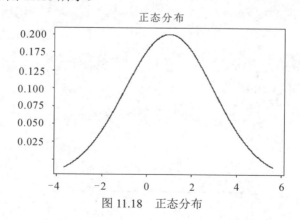

图 11.18　正态分布

3．均匀分布

均匀分布是指随机变量 x 在区间 $[a，b]$ 上的概率密度函数如下所示：

$$f(x) = \begin{cases} \dfrac{1}{b-a} & a < x < b \\ 0 & \text{else} \end{cases}$$

函数 scipy.uniform 用于实现均匀分布。

【例 11-22】 均匀分布示例。

本例的程序代码如下：

```python
from scipy.stats import uniform
import matplotlib.pyplot as plt
import numpy as np

fig,ax = plt.subplots(1,1)

loc = 1
scale = 1

# 平均值、方差、偏度、峰度
mean, var, skew, kurt = uniform.stats(loc, scale, moments='mvsk')
print(mean)
print(var)
print(skew)
print(kurt)
# ppf:累积分布函数的反函数。q=0.01 时，ppf 就是 p(X < x) = 0.01 时的 x 值。
x = np.linspace(uniform.ppf(0.01, loc, scale),uniform.ppf(0.99, loc, scale), 100)
ax.plot(x, uniform.pdf(x, loc, scale),'b-', label = 'uniform')

plt.title(u'均匀分布')
plt.show()
```

程序运行结果如下：

```
1.11      0.0833333333333333      0.0      -1.2
```

本例均匀分布如图 11.19 所示。

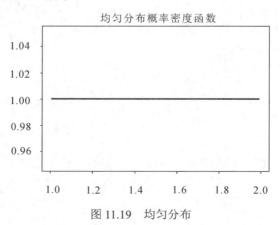

图 11.19　均匀分布

4. 指数分布

指数分布描述的是事件发生的时间间隔，主要用于描述电子元器件的寿命。

函数 scipy.expon 用于实现指数分布。

【例 11-23】 指数分布示例。

本例的程序代码如下：

```python
from scipy.stats import expon
import matplotlib.pyplot as plt
import numpy as np


fig,ax = plt.subplots(1,1)
lambdaUse = 2
loc = 0
scale = 1.0/lambdaUse
# 平均值、方差、偏度、峰度
mean, var, skew, kurt = expon.stats(loc, scale, moments = 'mvsk')
print(mean, var, skew, kurt)
# ppf:累积分布函数的反函数。q=0.01 时，ppf 就是 p(X < x) = 0.01 时的 x 值。
x = np.linspace(expon.ppf(0.01, loc, scale), expon.ppf(0.99, loc, scale),100)
ax.plot(x, expon.pdf(x, loc, scale), 'b-', label = 'expon')


plt.title(u'指数分布')
plt.show()
```

程序运行结果如下：

```
0.11 0.211 2.0 6.0
```

本例指数分布如图 11.20 所示。

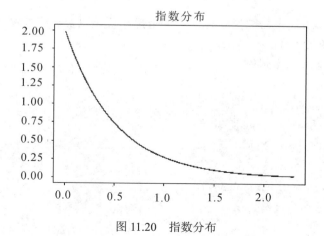

图 11.20　指数分布

11.7 统 计 量

scipy.stats 模块提供如下一些统计量，如众数、中位数、四分位数、平均数、方差、标准差等。

【例 11-24】 使用 SciPy 计算统计量示例。

本例的程序代码如下：

```
from scipy import stats as sts
import numpy as np
data = np.array([10, 20, 30, 40, 40, 80, 50])
print('众数： ', sts.mode(data, axis = 0))
print('中位数', np.median(data))
print('四分位数', sts.scoreatpercentile(data, 25, interpolation_method = 'lower'))
print('平均数是： ', sts.tmean(data))
print('方差是： ', sts.tvar(data))
print('标准差是： ', sts.tstd(data))
```

程序运行结果如下：

```
众数：   ModeResult(mode = array([40]), count = array([2]))
中位数：40.0
四分位数：20.0
平均数：  38.57142857142857
方差：   514.2857142857142
标准差：  22.677868380553633
```

11.8 图 像 处 理

Scipy.ndimage 模块提供、图像旋转、图像平滑和锐化以及边缘检测等功能。

加载图片的代码如例 11-25 所示。

【例 11-25】 加载图像示例。

本例的程序代码如下：

```
from scipy import ndimage
import matplotlib.image as mpimg
import matplotlib.pyplot as plt
# 加载图片
flower = mpimg.imread('d://flower.jpg')
plt.imshow(flower)
plt.title('original')
```

程序运行结果如图 11.21 所示。

图 11.21　加载图像结果

1. 图像旋转

图像旋转是指图像以某一点为中心旋转一定的角度，形成一幅新的图像。rotate 函数用于实现图像旋转。

【例 11-26】　图像旋转示例。

本例的程序代码如下：

```
rotate_flower = ndimage.rotate(flower, 45)      # 旋转图片 45 度
plt.imshow(rotate_flower)
plt.title('rotate_flower')
```

程序运行结果如图 11.22 所示。

图 11.22　图像旋转结果

2. 图像平滑

图像平滑可突出图像的低频成分，抑制图像噪声和高频成分，使图像亮度平缓渐变。图像平滑有高斯滤波和中值滤波等。

1）高斯滤波

gaussian_filter 函数用于实现高斯滤波。

【例 11-27】　高斯滤波示例。

本例的程序代码如下：

```
from scipy import ndimage
import matplotlib.image as mpimg
```

```
import matplotlib.pyplot as plt
flower = mpimg.imread('d://flower.jpg')
flower1 = ndimage.gaussian_filter(flower, sigma=3)
plt.imshow(flower1)
plt.show()
```

程序运行结果如图 11.23 所示。

图 11.23　图像平滑结果

2) 中值滤波

median_filte 函数用于实现中值滤波。

【例 11-28】　中值滤波示例。

本例的程序代码如下：

```
from scipy import ndimage
import matplotlib.image as mpimg
import matplotlib.pyplot as plt
flower = mpimg.imread('d://flower.jpg')
flower1 = ndimage.median_filter(flower, size=10)
plt.imshow(flower1)
plt.show()
```

程序运行结果如图 11.24 所示。

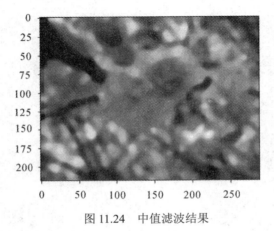

图 11.24　中值滤波结果

3. 图像锐化

图像锐化就是补偿图像的轮廓，增强图像的边缘及灰度跳变的部分，使得图像变得清晰。prewitt 函数用于实现图像锐化。

【例 11-29】 图像锐化示例。

本例的程序代码如下：

```
from scipy import ndimage
import matplotlib.image as mpimg
import matplotlib.pyplot as plt
flower = mpimg.imread('d://flower.jpg')
flower1 = ndimage.prewitt(flower)
plt.imshow(flower1)
plt.show()
```

程序运行结果如图 11.25 所示。

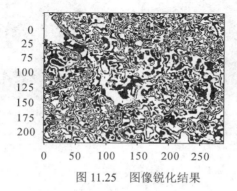

图 11.25　图像锐化结果

4. 边缘检测

通过检测图像中的亮度突变进行边缘检测。sobel 函数用于实现边缘检测。

【例 11-30】 边缘检测示例。

本例的程序代码如下：

```
import scipy.ndimage as nd
import numpy as np
im = np.zeros((2116, 2116))
im[64:-64, 64:-64] = 1
im[90:-90,90:-90] = 2
im = nd.gaussian_filter(im, 8)
import matplotlib.pyplot as plt
plt.imshow(im)
plt.show()
import scipy.ndimage as nd
import numpy as np
import matplotlib.pyplot as plt
```

```
im = np.zeros((2116, 2116))
im[64:-64, 64:-64] = 1
im[90:-90,90:-90] = 2
im = nd.gaussian_filter(im, 8)
sx = nd.sobel(im, axis = 0, mode = 'constant')
sy = nd.sobel(im, axis = 1, mode = 'constant')
sob = np.hypot(sx, sy)      #  两个矩阵进行合并
plt.imshow(sob)
plt.show()
```

程序运行结果如图 11.26 所示。

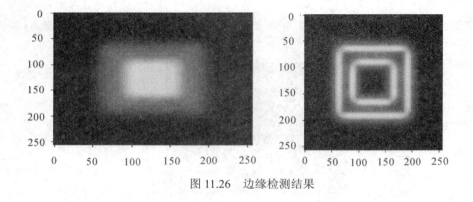

图 11.26　边缘检测结果

课后习题

1. 矩阵

　　[[0 0 0]

　　[0 0 1]

　　[1 0 2]]

中有多少个数值非 0 元素?输出存储的数据(不含数值为 0 元素)。

2. 采用迪杰斯特拉算法求图 11.27 中以节点 0 为源点的最短路径。

3. 求解非线性代数方程式。

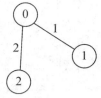

图 11.27　无向图

$$\begin{cases} x_0 * \cos(x_1) = 4 \\ x_1 x_0 - x_1 = 5 \end{cases}$$

第 12 章　Seaborn

Seaborn 是 Python 的数据可视化库，可满足数据分析 90%的绘图需求。本章详细介绍了 Seaborn 的安装、数据集、绘图设置以及绘图种类。

12.1　认识 Seaborn

Seaborn 在 Matplotlib 的基础上进行了更高级的 API 封装，从而使作图更加容易，且易于绘制更具吸引力的图。通过"pip install seaborn"命令安装 Seaborn，如图 12.1 所示。

图 12.1　Seaborn 安装

导入 Seaborn 的语法格式如下：

　　import seaborn as sns

1. 绘图特色

相比于 Matplotlib 默认的纯白色背景，Seaborn 默认的浅灰色网格背景看起来要细腻舒适一些。而柱状图的色调、坐标轴的字体大小也都有一些变化。

【例 12-1】 Matplotlib 与 Seaborn 绘图对比示例。

本例的程序代码见表 12.1。

表 12.1　Matplotlib 与 Seaborn 绘图程序对比

Matplotlib 绘图	Seaborn 绘图
import matplotlib.pyplot as plt x = [1, 3, 5, 7, 9, 11, 13, 15, 17, 19] y_bar = [3, 4, 6, 8, 9, 10, 9, 11, 7, 8] y_line = [2, 3, 5, 7, 8, 9, 8, 10, 6, 7] plt.bar(x, y_bar) plt.plot(x, y-line, '-o', color = 'y')	import matplotlib.pyplot as plt x = [1, 3, 5, 7, 9, 11, 13, 15, 17, 19] y_bar = [3, 4, 6, 8, 9, 10, 9, 11, 7, 8] y_line = [2, 3, 5, 7, 8, 9, 8, 10, 6, 7] import seaborn as sns sns.set()　　# 声明使用 Seaborn 样式 plt.bar(x, y_bar) plt.plot(x, y_line, '-o', color = 'y')

Matplotlib 绘图程序运行结果如图 12.2 所示，Seaborn 绘图程序运行结果如图 12.3 所示。

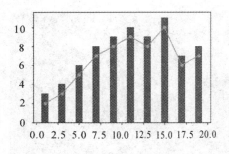
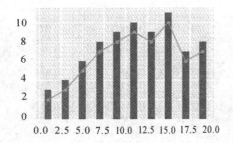

图 12.2　Matplotlib 绘图结果　　　　　　　图 12.3　Seaborn 绘图结果

2. 图表分类

Seaborn 共有 5 个大类 18 种图，分别是矩阵图、回归图、关联图、类别图以及分布图。

(1) 矩阵图：包括热力图和聚类图。

(2) 回归图：包括线性回归图和分面网格线性回归图。

(3) 关联图：包括散点图和条形图。

(4) 类别图：包括分类散点图、分类分布图、分类估计图。

① 分类散点图：包括分类散点图(stripplot()(kind = "strip"))和分簇散点图(swarmplot())(kind = "swarm"))。

② 分类分布图：包括箱图(boxplot() (kind = "box"))、小提琴图(violinplot() (kind = "violin"))、增强箱图(boxenplot() (kind = "boxen"))。

③ 分类估计图：包括点图(pointplot() (kind = "point"))、柱状图(barplot() (kind = "bar"))、计数直方图(countplot() (kind = "count"))。

(5) 分布图：包括多变量分布、两变量分布、单变量分布图、核密度图。

3. 数据集

Seaborn 具有泰坦尼克、鸢尾花等经典数据集，可以通过 load_dataset 函数获取。

【例 12-2】　数据集应用示例。

本例的程序代码如下：

```
import seaborn as sns
print("seaborn 自带数据集种类")
print(sns.get_dataset_names())
print("tips 是 '小费' 的数据集")
tips = sns.load_dataset("tips")
print(tips)
```

程序运行结果如下：

seaborn 自带数据集种类：

['anagrams', 'anscombe', 'attention', 'brain_networks', 'car_crashes', 'diamonds', 'dots', 'exercise', 'flights', 'fmri', 'gammas', 'geyser', 'iris', 'mpg', 'penguins', 'planets', 'tips', 'titanic']

tips 是'小费'的数据集：

	total_bill	tip	sex	smoker	day	time	size
0	16.99	1.01	Female	No	Sun	Dinner	2
1	10.34	1.66	Male	No	Sun	Dinner	3
2	21.01	3.50	Male	No	Sun	Dinner	3
......							
242	12.82	1.75	Male	No	Sat	Dinner	2
243	18.78	3.00	Female	No	Thur	Dinner	2

[244 rows x 7 columns]

Seaborn 数据集源自 github 网站，但在访问该网站时往往由于安全证书问题，无法顺利加载。

12.2　绘　图　设　置

Seaborn 通过 set 函数设置绘图的背景色、风格、字体、字型等风格，其语法格式如下：

sns.set(context = 'notebook', style = 'darkgrid', palette = 'deep')

其中：

(1) context：控制画幅，分别有{paper, notebook, talk, poster}4 个值，默认为 notebook。

(2) style：控制默认样式，分别有{darkgrid, whitegrid, dark, white, ticks}5 种主题风格。

(3) palette：预设的调色板，分别有{deep, muted, bright, pastel, dark, colorblind}等取值。

1. 绘图元素

Seaborn 通过 set_context 方法设置绘图元素，其语法格式如下：

seaborn.set_context(context = None, font_scale = 1, rc = None)

【例 12-3】 绘图元素的应用示例。

本例的程序代码如下：

```
import seaborn as sns
import numpy as np
import matplotlib.pyplot as plt
def sinplot(ax):
    x = np.linspace(0, 14, 100)
    for i in range(6):
        y = np.sin(x+i*5)*(7-i)
        ax.plot(x, y)
style1 = ["paper","notebook","talk","poster"]
plt.figure(figsize = (10, 10))
for i in range(4):
    sns.set_context(style1[i])
    ax = plt.subplot(2, 3, i+1)
    ax.set_title(style1[i])
    sinplot(ax)
plt.show()
```

程序运行结果如图 12.4 所示。

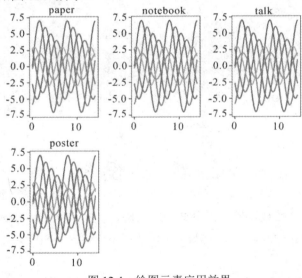

图 12.4　绘图元素应用效果

2. 主题设置

Seaborn 通过 set_style 函数设置 darkgrid、whitegrid、dark、white、ticks 等 5 种主题风格。其中，white 和 ticks 主题风格没有上边框和右边框，可以通过 sns.despine 去掉图形右边和上面的边线。

【例 12-4】 主题设置的绘制示例。

本例的程序代码如下：

```
import seaborn as sns
import numpy as np
import matplotlib.pyplot as plt
def sinplot(ax):
    x = np.linspace(0, 14, 100)
    for i in range(6):
        y = np.sin(x+i*5)*(7-i)
        ax.plot(x, y)
style = ["darkgrid", "whitegrid", "dark", "white", "ticks"]
plt.figure(figsize = (10, 10))
for i in range(5):
    sns.set_style(style[i])       #设置样式一定要在子图的定义之前
    ax = plt.subplot(2, 3, i+1)
    ax.set_title(style[i])
    sinplot(ax)
plt.show()
```

程序运行结果如图 12.5 所示。

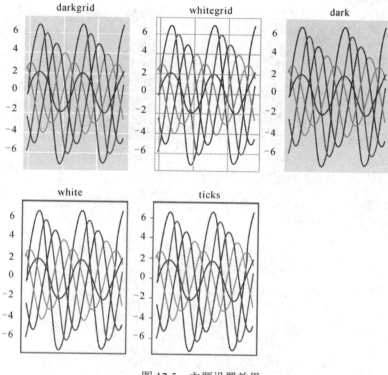

图 12.5　主题设置效果

3. 调色板

Seaborn 通过 color_palette 函数实现分类色板。

【例 12-5】　调色板的绘制示例。

本例的程序代码如下：

```
import seaborn as sns
current_palette = sns.color_palette()
sns.palplot(current_palette)
```

程序运行结果如图 12.6 所示。

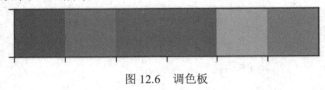

图 12.6　调色板

12.3　绘图种类

1. 直方图

Seaborn 通过 distplot 函数实现直方图的绘制。

【例 12-6】　直方图的绘制示例。

本例的程序代码如下：

```
import numpy as np
import matplotlib.pyplot as plt
import seaborn as sns

# 生成 100 个成标准正态分布的随机数
x = np.random.normal(size = 100)
# kde = True 进行核密度估计
sns.distplot(x, kde = True, hist = False)
#hist 为 FALSE，直接绘制密度图而没有直方图
plt.show()
```

程序运行结果如图 12.7 所示。

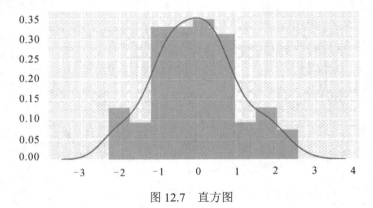

图 12.7　直方图

2. 核密度图

Seaborn 通过 kdeplot 函数实现核密度图的绘制。

【例 12-7】 核密度图的绘制示例。

本例的程序代码如下：

```python
import numpy as np
from matplotlib import pyplot as plt
import seaborn as sns
fig,ax = plt.subplots()

np.random.seed(4)                #设置随机数种子
Gaussian = np.random.normal(0, 1, 1000)
#创建一组平均数为 0，标准差为 1，总个数为 1000 的符合标准正态分布的数据
ax.hist(Gaussian, bins = 25, histtype = "stepfilled", normed = True, alpha = 0.6)
sns.kdeplot(Gaussian, shade = True)
plt.show()
```

程序运行结果如图 12.8 所示。

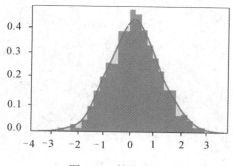

图 12.8　核密度图

3. 散点图

Seaborn 通过 stripplot 函数实现散点图的绘制。

【例 12-8】 分类散点图的绘制示例。

本例的程序代码如下：

```python
import seaborn as sns
import matplotlib.pyplot as plt
sns.set(style = "whitegrid", color_codes = True)
tips = sns.load_dataset("tips")        # "小费" 数据集
sns.stripplot(data = tips)
plt.show()
```

程序运行结果如图 12.9 所示。

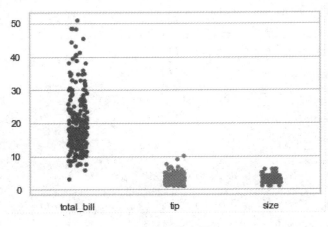

图 12.9　散点图

4. 箱形图

Seaborn 通过 boxplot 函数实现箱形图的绘制。

【**例 12-9**】 箱形图的绘制示例。

本例的程序代码如下：

```
import seaborn as sns
import matplotlib.pyplot as plt


sns.set_style("whitegrid")
tips = sns.load_dataset("tips")
# 载入自带数据集"tips"，研究是否抽烟、日期和消费三个变量关系，结论发现吸烟者在周末消费明显大于不吸烟的人
ax = sns.boxplot(x = "day", y = "total_bill", hue = "smoker", data = tips, palette = "Set3")
plt.show()
```

程序运行结果如图 12.10 所示。

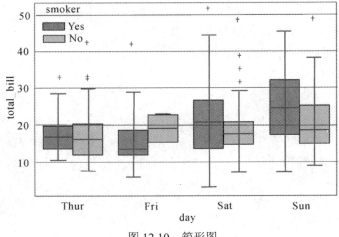

图 12.10　箱形图

5. 小提琴图

Seaborn 通过 violinplot 函数实现小提琴图的绘制。

【例 12-10】　小提琴图的绘制示例。

本例的程序代码如下：

```
import matplotlib.pyplot as plt
import seaborn as sns
import warnings
from sklearn.datasets import load_iris        # 加载数据集
warnings.filterwarnings('ignore')
sns.set_style('darkgrid', {'font.sans-serif':['SimHei', 'Arial']})
plt.rcParams['figure.figsize'] = (8,4)
plt.rcParams['figure.dpi'] = 100
plt.rcParams['axes.unicode_minus'] = False
iris = sns.load_dataset('iris')
sns.violinplot(data = iris, palette = 'hls')
```

程序运行结果如图 12.11 所示。

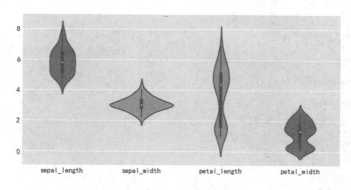

图 12.11　小提琴图

6. 条形图

Seaborn 通过 barplot 函数实现条形图的绘制。

【例 12-11】　条形图的绘制示例。

本例的程序代码如下：

```
import seaborn as sns
import numpy as np
import pandas as pd
import matplotlib.pyplot as plt
x = np.arange(8)
y = np.array([1,5,3,6,2,4,5,6])
df = pd.DataFrame({"x-axis": x,"y-axis": y})
sns.barplot("x-axis", "y-axis", palette = "RdBu_r", data = df)
```

```
plt.xticks(rotation=90)
plt.show()
```

程序运行结果如图 12.12 所示。

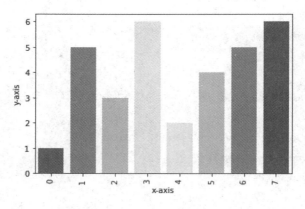

图 12.12　条形图

7. 热力图

Seaborn 通过 heatmap 函数实现热力图的绘制。

【例 12-12】　热力图的绘制示例。

本例的程序代码如下：

```
import numpy as np; np.random.seed(0)
import seaborn as sns; sns.set()
import matplotlib.pyplot as plt
uniform_data = np.random.rand(10, 12)
f, ax = plt.subplots(figsize=(9, 6))
ax = sns.heatmap(uniform_data)
plt.show()
```

程序运行结果如图 12.13 所示。

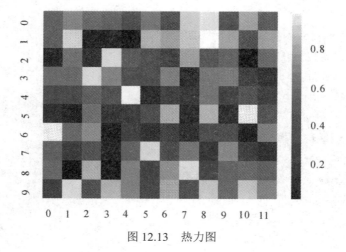

图 12.13　热力图

8. 点图

Seaborn 通过 pointplot 函数实现点图的绘制。

【例 12-13】　点图的绘制示例。

本例的程序代码如下：

```
import matplotlib.pyplot as plt
import seaborn as sns
plt.figure(dpi=150)
tips = sns.load_dataset("tips")
sns.pointplot(x="time", y="total_bill", data=tips)
plt.show()
```

程序运行结果如图 12.14 所示。

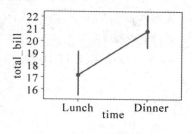

图 12.14　程序运行结果

9. 多变量图

Seaborn 通过 jointplot 函数实现多变量图的绘制。

【例 12-14】　多变量图的绘制示例。

本例的程序代码如下：

```
import seaborn as sns
import matplotlib.pyplot as plt
data = sns.load_dataset("exercise")
sns.jointplot(x = "id", y = "pulse",data = data)
plt.show()
```

程序运行结果如图 12.15 所示。

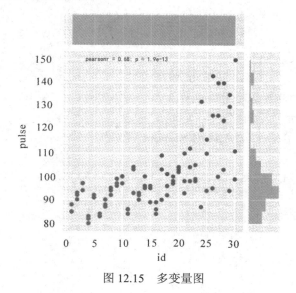

图 12.15　多变量图

10. 等高线图

Seaborn 通过改变 jointplot 函数中的 kind 参数为 KDE 实现等高线图的绘制。

【例 12-15】　等高线图的绘制示例。

本例的程序代码如下：

```
import seaborn as sns
import matplotlib.pyplot as plt
data = sns.load_dataset("exercise")
sns.jointplot(x = "id", y = "pulse", kind = "kde", data = data)        #参数 kind = "kde"
plt.show()
```

程序运行结果图 12.16 所示。

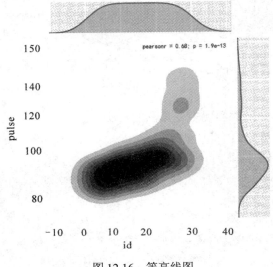

图 12.16　等高线图

课 后 习 题

1．相对于 Matplotlib 而言，Seaborn 绘图有什么特色？

2．Seaborn 的 5 种内置风格分别是什么？

3．热力图的作用是什么?如何用 Seaborn 实现？

4．小提琴图的作用是什么?如何用 Seaborn 实现？

第 13 章　Sklearn

Sklearn 是 Python 的第三方机器学习库，自带数据集，并可实现数据预处理、分类和聚类的相关算法。本章介绍了 Sklearn 的安装、K 近邻算法，线性模型、决策树、支持向量机、朴素贝叶斯等算法、K-means 和 DBSCAN 聚类等相关知识。

13.1　Sklearn 简介

Sklearn 是 Scikit-learn 的简称，依赖于 NumPy、SciPy 和 Matplotlib 库，具有常用的机器学习统计模型功能，包括分类、回归、聚类、降维、模型选择和预处理六大模块。

1. 分类

分类是指识别某个对象属于哪个类别，属于监督学习类。常用的分类算法有 SVM(支持向量机)、K–NN(最近邻)、random forest(随机森林)。

2. 回归

回归是指通过多个自变量对因变量的影响程度，预测连续的数值型的目标值。常见的回归算法有 SVR(支持向量回归模型)、ridge regression(岭回归)。

3. 聚类

聚类是将对象的集合分组为由相似的对象组成的类别的分析过程，属于无监督学习类。聚类与分类的区别是事先不知道类标记。常用的聚类算法有 K-means。

4. 降维

降维是指通过减少特征的数量使得机器学习算法高效运行。常见的降维算法有 PCA(主成分分析)、feature selection(特征选择)。

5. 模型选择

模型选择用于比较、验证、选择参数和模型的方法。常用的模型选择模块有 grid search(网格搜索)、cross validation(交叉验证)、metrics(度量)。

6. 预处理

预处理主要包括数据清洗和特征提取，用于去除低质量的数据，提高数据质量。常用的预处理模块有 preprocessing(数据预处理)和 feature extraction(特征提取)。

Sklearn 安装要求 Python 版本 2.7 及以上、NumPy 版本 1.8.2 及以上、SciPy 版本 0.1 及以上。安装 NumPy 和 SciPy 之后，在 Anaconda Prompt 下运行命令 "pip install-U scikit-learn”，如图 13.1 所示。

```
管理员: Anaconda Prompt - pip  install -U scikit-learn
(base) C:\Users\Administrator>pip install -U scikit-learn
Collecting scikit-learn
  Downloading scikit_learn-0.23.1-cp36-cp36m-win_amd64.whl (6.8 MB)
     |██                               | 368 kB 6.3 kB/s eta 0:16:50
```

图 13.1　安装 Sklearn

进入 Python 环境，输入命令“import sklearn”，如图 13.2 所示，说明 Sklearn 安装成功。

```
(base) C:\Users\Administrator>python
Python 3.6.4 |Anaconda, Inc.| (default, Jan 16 2018, 10:22:32) [MSC v.1900 64 bi
t (AMD64)] on win32
Type "help", "copyright", "credits" or "license" for more information.
>>> import sklearn
>>>
```

图 13.2　检测 Sklearn 是否安装成功

13.2　数　据　集

机器学习领域有句话：“数据和特征决定了机器学习的上限，而模型和算法只是逼近这个上限而已。”数据作为机器学习的最关键要素，决定着模型选择、参数的设定和调优。

SKlearn 提供很多经典数据集，其数据库网址为“http://scikit-learn.org/stable/modules/classes.html#module-sklearn.datasets”。导入 Sklearn 的 datasets 数据集代码如下：from sklearn import datasets。

Sklearn 有小数据集、大数据集和生成数据集。

13.2.1　小数据集

Sklearn 的小数据集具体内容如表 13.1 所示。

表 13.1　Sklearn 的小数据集

中文翻译	任务类型	数据规模	数据集函数
波士顿房屋价格	回归	506 × 13	load_boston
糖尿病	回归	442 × 10	load_diabetes
手写数字	分类	1797 × 64	load_digits
乳腺癌	分类、聚类	(357 + 27) × 30	load_breast_cancer
鸢尾花	分类、聚类	(50 × 3) × 4	load_iris
葡萄酒	分类	(59 + 71 + 48) × 13	load_wine
体能训练	多分类	20	load_linnerud

数据集返回值的数据类型是 datasets.base.Bunch(字典格式)，其具有如下属性：

(1) data：特征数据数组(特征值输入)；

(2) target：标签数组(目标输出)；

(3) feature_names：特征名称；

(4) target_names：标签名称；

(5) DESCR：数据描述。

1. 鸢尾花数据集

鸢尾花(Iris)数据集由 Fisher 在 1936 年收集整理，是一类多重变量分析的数据集。数据集包含 150 个数据样本，分为山鸢尾(iris-setosa)、变色鸢尾(iris-versicolor)和维吉尼亚鸢尾(iris-virginica)3 类，每类有 50 个数据，每个数据包含花萼长度(sepal length)、花萼宽度(sepal width)、花瓣长度(petal length)、花瓣宽度(petal width)4 个特征。鸢尾花数据集常用于分类，通过 4 个特征预测鸢尾花卉属于哪一类。

加载鸢尾花数据集使用如下命令：

```
from sklearn.datasets import load-iris
```

【例 13-1】　iris 数据集示例。

本例的程序代码如下：

```
from sklearn.datasets import load_iris
iris=load_iris()
n_samples,n_features=iris.data.shape
print(iris.data.shape)                  # (150, 4)   表示为 150 个样本，4 个特征
print(iris.target.shape)                # (150,)
print("特征值的名字:\n",iris.feature_names)      # 特征名称
print("鸢尾花的数据集描述:\n", iris['DESCR'])      # 数据描述
```

程序运行结果如下：

```
(150, 4)
(150,)
特征值的名字:
['sepal length(cm)', 'sepal width(cm)', 'petal length(cm)', 'petal width(cm)']
```

2. 葡萄酒数据集

葡萄酒数据集包含 1599 个红葡萄酒样本以及 4898 个白葡萄酒样本，每个样本包含若干特征，如固定酸度、挥发酸度、柠檬酸、残糖、氯化物、游离二氧化硫、总二氧化硫、密度、pH 值、硫酸盐、酒精等。

加载葡萄酒数据集使用如下命令：

```
from sklearn.datasets import load_wine
```

3. 波士顿房屋价格数据集

波士顿房屋价格数据集(网址为"http://lib.stat.cmu.edu/datasets/boston")包含 506 个样本场景，每个房屋包含 14 个特征。其中每个数据包含房屋以及房屋周围的详细信息，例如城镇犯罪率、一氧化氮浓度、住宅平均房间数、到中心区域的加权距离以及自住房平均房价等。

加载波士顿房屋价格数据集使用如下命令：

```
from sklearn.datasets import load_boston
```

4. 手写数字数据集

手写数字数据集包含 1797 个 0~9 的手写数字数据,每个数字由 8×8 大小的矩阵构成,矩阵中值的范围是 0~16,代表颜色的深度。

加载手写数字数据集使用如下命令:

```
from sklearn.datasets import load_digits
```

5. 乳腺癌数据集

乳腺癌数据集包含良/恶性乳腺癌肿瘤预测的数据样本 569 个,共有 30 个特征,分为良性和恶性两类。

加载乳腺癌数据集使用如下命令:

```
from sklearn.datasets import load_breast-cancer
```

6. 糖尿病数据集

糖尿病数据集包含 442 个患者的 10 个生理特征(年龄、性别、体重指数 BMI、平均血压)和血液中各种疾病级数指数的 6 个属性(S1~S6),这 10 个特征都已经被处理成 0 均值,方差归 1。

加载糖尿病数据集使用如下命令:

```
from sklearn.datasets import load_diabetes
```

7. 体能训练数据集

体能训练具有 Excise 和 physiological 两个小数据集,如下所示:

(1) Excise 是对 3 个训练变量(体重、腰围、脉搏)的 20 次观测数据集。

(2) physiological 是对 3 个生理学变量(引体向上、仰卧起坐、立定跳远)的 20 次观测数据集。

加载体能训练数据集使用如下命令:

```
from sklearn.datasets import load_linnerud
```

13.2.2　大数据集

大数据集如表 13.2 所示,使用"sklearn.datasets.fetch_*"导入。

表 13.2　Sklearn 大数据集

大 数 据 集	含 义	任 务 类 型
Fetch_olivetti_faces	Olivetti 面部图像数据集	降维
Fetch_20newsgroups	新闻分类数据集	分类
Fetch_lfw_people	带标签的人脸数据集	分类,降维
Fetch_rcv1	路透社英文新闻文本分类数据集	分类

20 newsgroups 作为文本分类、文本挖掘和信息检索研究的国际标准数据集之一,共有 13000 篇新闻文章,涉及 20 种话题。20 newsgroups 共有 3 个版本,版本 19997 是原始的未经修改的版本。版本 bydate 按时间顺序分为训练(60%)和测试(40%)两部分数据集,不包含重复文档和新闻组名(新闻组、路径、隶属于、日期)。版本 13828 不包含重复文档,只有

来源和主题。

加载 20 newsgroups 数据集有如下两种方式：

（1）　sklearn.datasets.fetch_20newsgroups，返回一个可以被文本特征提取器（如 sklearn.feature_extraction.text.CountVectorizer）自定义参数提取特征的原始文本序列。

（2）　sklearn.datasets.fetch_20newsgroups_vectorized，返回一个已提取特征的文本序列，即不需要使用特征提取器。

【例 13-2】　使用 20newsgroups 数据集示例。

本例的程序代码如下：

```
from sklearn.datasets import fetch_20newsgroups          # 加载数据集
news = fetch_20newsgroups()
print(len(news.data))
print(news.target.shape)
print("数据集描述:\n", news['DESCR'])
```

程序运行结果如下：

```
11314
(11314, )
```

13.2.3　生成数据集

Sklearn 通过 sklearn.datasets.make_*API 生成特定机器学习模型的数据集。常用的 API 如表 13.3 所示。

表 13.3　Sklearn 生成数据集的 API

API 函数名	功　　能
make_regression	生成回归模型的数据
make_blobs	生成聚类模型的数据
make_classification	生成分类模型的数据
make_gaussian_quantiles	生成分组多维正态分布的数据
make_circles	生成环线数据

1. make_regression

samples_generator 模块提供 make_regression 函数，用于生成回归模型的数据，其语法格式如下：

```
make_regression(n_samples, n_features, noise, coef)
```

其中：

（1）n_samples：生成样本数；

（2）n_features：样本特征数；

（3）noise：样本随机噪音；

（4）coef：是否返回回归系数。

【例 13-3】 make_regression 函数应用示例。

本例的程序代码如下：

```
import numpy as np
import matplotlib.pyplot as plt
from sklearn.datasets.samples_generator import make_regression
# X 为样本特征，y 为样本输出，coef 为回归系数，共 1000 个样本，每个样本 1 个特征
X, y, coef =make_regression(n_samples=1000, n_features=1,noise=10, coef=True)
# 画图
plt.scatter(X, y, color='black')
plt.plot(X, X*coef, color='blue', linewidth=3)
plt.xticks(())
plt.yticks(())
plt.show()
```

程序运行结果如图 13.3 所示。

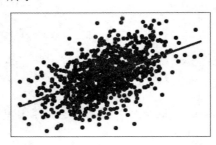

图 13.3　程序运行结果

2. make_blobs

make_blobs 用于生成聚类模型数据。其语法格式如下：

make_blobs(n_samples, n_features, centers, cluster_std)

其中：

(1) n_samples：生成样本数；

(2) n_features：样本特征数；

(3) centers：簇中心的个数或者自定义的簇中心；

(4) cluster_std：簇数据方差，代表簇的聚合程度。

3. make_classification

通过 make_classification 函数可生成分类模型数据，其语法格式如下：

make_classification(n_samples, n_features, n_redundant, n_classes, random_state)

其中：

(1) n_samples：指定样本数；

(2) n_features：指定特征数；

(3) n_redundant：冗余特征数；

(4) n_classes：指定分类数；

(5) random_state：随机种子。

4. make_gaussian_quantiles

通过 make_gaussian_quantiles 函数可生成分组多维正态分布的数据，其语法格式如下：

make_gaussian_quantiles(mean, cov, n_samples, n_features, n_classes)

其中：

(1) n_samples：指定样本数；

(2) n_features：指定特征数；

(3) mean：特征均值；

(4) cov：样本协方差的系数；

(5) n_classes：数据在正态分布中按分位数分配的组数。

5. make_circles

通过 make_circles 函数可为二元分类器产生环线数据，其语法格式如下：

make_circles(n_samples, noise, factor)

其中：

(1) n_samples：指定样本数；

(2) noise：样本随机噪音；

(3) factor：内外圆之间的比例因子。

13.2.4 划分数据集

机器学习通常将数据集划分为训练数据集和测试数据集。训练数据集通过机器学习算法训练数据生成模型。测试数据集用于验证模型。一般训练数据集占全部数据集的 70%～80%，测试数据集占 20%～30%。

Sklearn 提供 train_test_split 函数，其语法格式如下：

x_train, x_test, y_train, y_test =

sklearn.model_selection.train_test_split(train_data, train_target, test_size, random_state)

参数含义如表 13.4 所示。

表 13.4 train_test_split 函数的参数

参　数	含　义
train_data	待划分的样本数据
train_target	待划分样本数据的结果(标签)
test_size	测试数据占样本数据的比例
random_state	设置随机数种子，保证每次都是同一个随机数。若为 0 或不填，则生成随机数不同
x_train	划分出的训练集数据(特征值)
x_test	划分出的测试集数据(特征值)
y_train	划分出的训练集标签(目标值)
y_test	划分出的测试集标签(目标值)

【**例 13-4**】 数据集拆分示例。

本例的程序代码如下：

```
from sklearn.datasets import load_iris
from sklearn.model_selection import train_test_split
iris = load_iris()
# test_size 默认取值为 25%，test_size 取值为 0.2 ，随机种子 22
x_train, x_test, y_train, y_test = train_test_split(iris.data, iris.target, test_size=0.2, random_state=22)
print("训练集的特征值：\n",x_train,x_train.shape)
```

程序运行结果如下：

```
训练集的特征值：
(120, 4)
```

程序运行结果分析：样本数为 120，这是因为 test-size 取值为 0.2，$150 \times (1 - 0.2) = 120$。

Sklearn 通过 cross_val_score 函数将数据集划分为 k 个大小相似的互斥子集，每次用 $k-1$ 个子集作为训练集，余下 1 个子集作为测试集，如此循环 k 次，返回 k 个测试结果的均值。其中，"10 次 10 折交叉验证法"最为常用，它将数据集分成 10 份，轮流将 9 份数据作为训练集，1 份数据作为测试集，如图 13.4 所示。

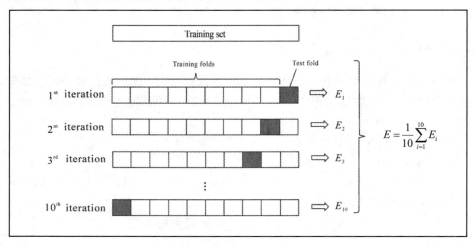

图 13.4 交叉验证法示意图

cross_val_score 函数语法格式如下：

cross_val_score(estimator, train_x, train_y, cv = 10)

其中：

(1) estimator：需要使用交叉验证的算法；

(2) train_x：输入样本数据；

(3) train_y：样本标签；

(4) cv：默认使用 KFold 进行数据集打乱。

【**例 13-5**】 使用交叉验证示例。

本例的程序代码如下所示：

```
from sklearn import datasets
from sklearn.model_selection import train_test_split,cross_val_score     # 划分数据交叉验证
from sklearn.neighbors import KNeighborsClassifier
import matplotlib.pyplot as plt
iris = datasets.load_iris()                              # 加载 iris 数据集
X = iris.data
y = iris.target                                          # 这是每个数据所对应的标签
train_X,test_X,train_y,test_y = train_test_split(X,y,test_size=1/3,random_state=3)
# 以 1/3 划分训练集训练结果、测试集测试结果
k_range = range(1,31)
cv_scores = []                                           # 用来存放每个模型的结果值
for n in k_range:
    knn = KNeighborsClassifier(n)
scores = cross_val_score(knn, train_X, train_y, cv=10)
cv_scores.append(scores.mean())
plt.plot(k_range, cv_scores)
plt.xlabel('K')
plt.ylabel('Accuracy')                                   # 通过图像选择最好的参数
plt.show()
best_knn = KNeighborsClassifier(n_neighbors=3)           # 选择最优的 K=3 传入模型
best_knn.fit(train_X, train_y)                           # 训练模型
print("score:\n", best_knn.score(test_X, test_y))        # 看看评分
```

程序运行结果如图 13.5 所示。

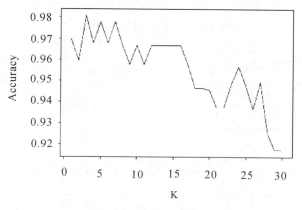

图 13.5　程序运行结果

程序运行结果如下：

```
score:
0.94
```

13.3　数据操作流程

Sklearn 的数据操作流程如下。

步骤 1：数据预处理。

数据预处理包括获取数据集、数据清洗、数据集拆分等。其中，preprocessing 模块完成数据标准化、正则化、二值化、编码以及数据缺失处理等。preprocessing 模块函数功能如表 13.5 所示。

表 13.5　preprocessing 模块函数功能

函 数 名 称	功　　　能
preprocessing.Binarizer	根据阈值对数据进行二值化
preprocessing.Imputer	插值，用于填补缺失值
preprocessing.LabelBinarizer	对标签进行二值化
preprocessing.MinMaxScaler	将数据对象中的每个数据缩放到指定范围
preprocessing.Normalizer	将数据对象中的数据归一化为单位范数
preprocessing.OneHotEncoder	使用 one_Hot 方案对整数特征编码
preprocessing.StandardScaler	通过去除均值并缩放到单位方差实现标准化
preprocessing.normalize	将输入向量缩放为单位范数
preprocessing.scale	沿某个轴标准化数据集

步骤 2：模型选择。

根据不同问题选择合适的模型。如何确定学习模型，既涉及模型的功能，还需要考虑数据的不同。Sklearn 针对无监督算法和有监督算法有不同的模块，如表 13.6 和 13.7 所示。

表 13.6　无监督学习算法

算 法	说 明	算 法	说 明
cluster	聚类	neural_network	无监督的神经网络
decomposition	因子分解	covariance	协方差估计
mixture	高斯混合模型	—	—

表 13.7　有监督学习算法

算 法	说 明	算 法	说 明
tree	决策树	neural_network	神经网络
svm	支持向量机	kernel_ridge	岭回归
neighbors	近邻算法	naïve_bayes	朴素贝叶斯
linear_model	广义线性模型		

步骤 3：模型训练和预测。

(1) 模型建立之后，Sklearn 通过 fit 方法对数据集进行训练。

函数格式：fit(X, y)。

说明：以 X 为训练集，以 y 为测试集对模型进行训练。

(2) Sklearn 调用 predict 函数对测试集进行预测。

函数格式：predict(X)

说明：根据给定的数据预测其所属的类别标签。

步骤 4：模型评估。

为了评价模型的"优劣"性，sklearn.metrics 模块给出评价指标如表 13.8 所示。

表 13.8　评 价 指 标

术　语	Sklearn 函数	术　语	Sklearn 函数
混淆矩阵	confusion_matrix	ROC 曲线	roc_curve
准确率	accuracy_score	AUC 面积	roc_auc_score
召回率	recall_score	分类评估报告	classification_report
F1 值	f1_score		

13.4　K 近 邻 算 法

1. 算法原理

K 近邻算法(k-nearest neighbors，KNN)依据最邻近的样本决定待分类样本所属的类别，其决策规则采用少数服从多数的多数表决法的投票选举。K 近邻算法示意图如图 13.6 所示，已知 ω_1、ω_2、ω_3 代表训练集中的 3 个类别，k 值为 3，预测待分类样本 X_u 属于 ω_1 类别。

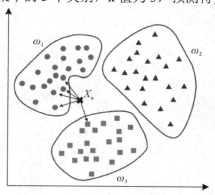

图 13.6　K 近邻算法示意图

K 近邻算法步骤如下：

步骤 1：算距离。计算待分类样本 X_u 与已分类样本点的距离。

步骤 2：找邻居。圈定与待分类样本距离最近的 3 个已分类样本，作为待分类样本的近邻。

步骤 3：分类。根据 3 个近邻中的多数样本所属的类别来决定待分类样本，将 X_u 的类别预测为 ω_1。

2. 算法示例

Sklearn 通过 KneighborsClassifier 实现分类问题，其语法格式如下：

KneighborsClassifier(n_neighbors, weights, algorithm, leaf_size，p)

其中：

(1) n_neighbors：k 值。

(2) weights：指定投票权重类型，默认值 weights='uniform'，为每个近邻分配统一的权重；若 weights='distance'，则分配权重与查询点的距离成反比。

(3) algorithm：指定计算最近邻的算法。'auto'：自动决定最合适的算法；'ball_tree'：BallTree 算法；'kd_tree'：KDTree 算法；'brute'：暴力搜索法。

(4) leaf_size：指定 BallTree/KDTree 叶节点规模。

(5) p：p = 1 为曼哈顿距离，p = 2 为欧式距离。

【例 13-6】 使用 K 近邻算法进行数据分类示例。

本例的程序代码如下：

```python
from sklearn.datasets import make_blobs
# 生成数据
centers = [[-2,2], [2,2], [0,4]]
X, y = make_blobs(n_samples=60, centers=centers, random_state=0, cluster_std=0.60)
# 画出数据
import matplotlib.pyplot as plt
import numpy as np
plt.figure(figsize=(6,4), dpi=144)
c = np.array(centers)
# 画出样本
plt.scatter(X[:,0], X[:,1], c=y, s=100, cmap='cool')
# 画出中心点
plt.scatter(c[:,0], c[:,1], s=100, marker='^',c='orange')
plt.savefig('knn_centers.png')
plt.show()
# 模型训练
from sklearn.neighbors import KNeighborsClassifier
k = 5
clf = KNeighborsClassifier(n_neighbors = k)
clf.fit(X, y)

# 进行预测
```

```
X_sample = np.array([[0, 2]])
y_sample = clf.predict(X_sample)
neighbors = clf.kneighbors(X_sample, return_distance=False)
# 画出示意图
plt.figure(figsize=(6,4), dpi=144)
c = np.array(centers)
plt.scatter(X[:,0], X[:,1], c=y, s=100, cmap='cool')        # 画出样本
plt.scatter(c[:,0], c[:,1], s=100, marker='^',c='k') # 中心点
plt.scatter(X_sample[0][0], X_sample[0][1], marker="x",s=100, cmap='cool')     # 待预测的点
for i in neighbors[0]:
    plt.plot([X[i][0], X_sample[0][0]], [X[i][1], X_sample[0][1]], 'k--', linewidth=0.6)
# 预测点与距离最近的 5 个样本的连线
plt.savefig('knn_predict.png')
plt.show()
```

程序运行初始示意图如图 13.7 所示，运行结果图如图 13.8 所示。

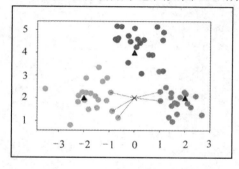

图 13.8　程序运行结果图

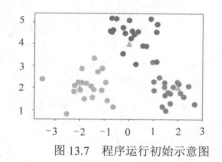

图 13.7　程序运行初始示意图

13.5　决　策　树

1. 算法原理

决策树(Decision Tree，DT)是一种常见的分类和回归的监督学习方法。当分析每个决策或事件时，往往会得出多个不同的结果，将决策过程绘制成图形，很像一棵倒立的树，每个叶结点对应一个分类，非叶结点对应某个属性上的划分，根据样本在该属性上的不同取值将其划分为若干子集。

决策树的典型算法有 ID3、C4.5 和 CART 等。

2. 算法示例

Sklearn 提供 DecisionTreeClassifier 函数进行决策树分类，其语法格式如下：

　　　DecisionTreeClassifier(criterion, splitter, max_depth, min_samples_split)

其中：

(1) criterion：内置标准为 gini(基尼系数)或者 entropy(信息熵)；

(2) splitter：切割方法，如 splitter = 'best'；

(3) max_depth：决策树最大深度；

(4) min_samples_split：最少切割样本的数量。

【例 13-7】 使用决策树进行数据分类示例。

本例的程序代码如下：

```
import numpy as np
import matplotlib.pyplot as plt
from matplotlib.colors import ListedColormap
from sklearn import tree, datasets
from sklearn.model_selection import train_test_split


wine = datasets.load_wine()
X = wine.data[:,:2]
y = wine.target
X_train, X_test, y_train, y_test = train_test_split(X,y)


clf = tree.DecisionTreeClassifier(max_depth=5)
clf.fit(X_train,y_train)
print("max_depth=5:\n",clf.score(X_test, y_test))


# 定义图像中分区的颜色和散点的颜色
cmap_light = ListedColormap(['#FFAAAA', '#AAFFAA', '#AAAAFF'])
cmap_bold = ListedColormap(['#FF0000', '#00FF00', '#0000FF'])
# 分别用样本的两个特征值创建图像的横轴和纵轴
x_min, x_max = X_train[:, 0].min() - 1, X_train[:, 0].max() + 1
y_min, y_max = X_train[:, 1].min() - 1, X_train[:, 1].max() + 1
xx, yy = np.meshgrid(np.arange(x_min, x_max, .02), np.arange(y_min, y_max, .02))
Z = clf.predict(np.c_[xx.ravel(), yy.ravel()])
# 给每个分类中的样本分配不同的颜色
Z = Z.reshape(xx.shape)
plt.figure()
plt.pcolormesh(xx, yy, Z, cmap=cmap_light)
# 用散点把样本表示出来
plt.scatter(X[:, 0], X[:, 1], c=y, cmap=cmap_bold, edgecolor='k', s=20)
plt.xlim(xx.min(), xx.max())
plt.ylim(yy.min(), yy.max())
plt.title("Classifier:(max_depth = 5)")
```

```
plt.show()
```
程序运行结果如下所示：
```
max_depth = 5:
    0.8444444444444444
```
程序运行结果如图 13.9 所示。

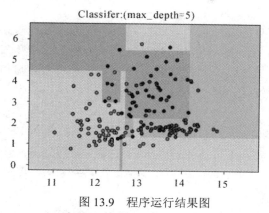

图 13.9　程序运行结果图

采用 graphviz 将运行结果进行决策树可视化，保存为 out.dot 文件，其程序代码如下：
```
with open("d:\out.dot", 'w') as f :
f = tree.export_graphviz(clf, out_file = f, class_names = wine.target_names,
feature_names = wine.feature_names[:2], impurity = False, filled = True)
```
程序运行结果如图 13.10 所示。

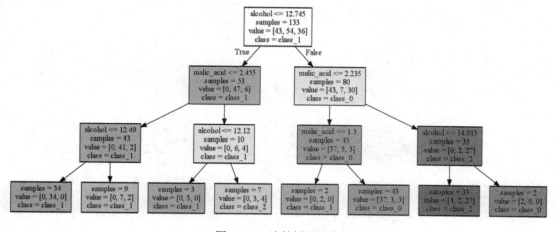

图 13.10　决策树可视化

3. 决策树可视化分析

从决策树根开始，第一个条件是"alcohol <= 12.745"；"samples = 133"是指在根节点上有 133 个样本；"Value = [43，54，36]"是指 133 个样本中的 43 个样本属于 class_0；133 个样本中的 54 个样本属于 class_1；133 个样本中的 36 个样本属于 class_2。当"alcohol <= 12.745"为 True，决策树的分类为 class_1；当"alcohol <= 12.745"为 False，决策树的分类为 class_0。下一层判断条件为"malic_acid"，判断属于 class_1 的样本有 53 个，判断属

于 class_0 的样本有 80 个，依此类推。

13.6 线 性 模 型

1. 算法原理

在机器学习领域，常见的线性模型有线性回归、逻辑回归、岭回归等。其中，线性回归是利用数理统计中的回归分析，确定两种或两种以上变量间相互依赖的定量关系的一种统计分析方法。根据自变量数目不同，线性回归分为一元线性回归和多元线性回归。一元线性回归的自变量为单一特征，其数学表达式如下：

$$y = wx + b$$

其中参数 w 表示直线的斜率，b 表示截距。

多元线性回归分析包括两个或两个以上的自变量，其数学表达式如下：

$$h(w) = w_1x_1 + w_2x_2 + w_3x_3 + \cdots + b$$

2. 算法示例

sklearn 的 linear_model 模块的 LinearRegression 函数实现线性模型，其语法格式如下：

　　sklearn.linear_model.LinearRegression(fit_intercept = True)

其中：fit_intercept 表示是否计算截距，默认为计算。

【例 13-8】 用线性回归与岭回归识别糖尿病示例。

本例的程序代码如下：

```
# 线性回归识别糖尿病
import numpy as np
import matplotlib.pyplot as plt

from sklearn.datasets import load_diabetes
from sklearn    import linear_model

diabetes_X = load_diabetes().data[:,np.newaxis,2]

diabetes_X_train = diabetes_X[: -20]
diabetes_X_test = diabetes_X[-20:]

diabetes_target= load_diabetes().target
diabetes_y_train = diabetes_target[: -20]
diabetes_y_test = diabetes_target[-20:]

regr = linear_model.LinearRegression()
regr.fit(diabetes_X_train,diabetes_y_train)
```

```
print('Coefficients:\n', regr.coef_)
print("Mean squared error: %.2f"%np.mean((regr.predict(diabetes_X_test)-diabetes_y_test)**2))


print('Variance score: %.2f'% regr.score(diabetes_X_test, diabetes_y_test))


plt.scatter(diabetes_X_test, diabetes_y_test,color = 'black' )
plt.plot(diabetes_X_test, regr.predict(diabetes_X_test), color = 'blue', linewidth = 3)


plt.xticks(())
plt.yticks(())
plt.show()
```

程序运行结果如下：

```
Coefficients:
 [1138.23786125]
Mean squared error: 2548.07
Variance score: 0.47
```

程序运行结果如图 13.11 所示。

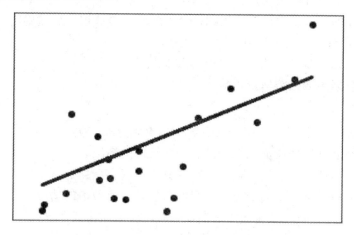

图 13.11 程序运行结果

```
# 岭回归识别糖尿病
from sklearn.model_selection import train_test_split
from sklearn.linear_model import Ridge
from sklearn.datasets import load_diabetes
X, y = load_diabetes().data, load_diabetes().target
X_train, X_test, y_train, y_test = train_test_split(X, y, random_state = 8)
ridge = Ridge().fit(X_train, y_train)
print("训练数据集得分：{:.2f}".format(ridge.score(X_train, y_train)))
print("测试数据集得分：{:.2f}".format(ridge.score(X_test, y_test)))
```

程序运行结果如下：

训练数据集得分：0.43

测试数据集得分：0.43

13.7　朴素贝叶斯

1. 算法原理

朴素贝叶斯(Bayes)源于古典数学理论，是基于贝叶斯理论与特征条件独立假设的分类方法，通过单独考量每一特征被分类的条件概率作出分类预测。

贝叶斯定理用于描述两个条件概率之间的关系。条件概率又称后验概率，$P(A\,|\,B)$是指事情 A 在另一个事件 B 已经发生的条件下的发生概率，读作在 B 条件下 A 的概率，条件概率的计算公式如下：

$$P(A\,|\,B)=\frac{P(A\cap B)}{P(B)}$$

贝叶斯算法具有如下两个优点：

(1) 坚实的数学基础以及稳定的分类效率。

(2) 所需估计的参数很少，对缺失数据不太敏感，算法也比较简单。

贝叶斯算法具有如下两个缺点：

(1) 必须知道先验概率，往往导致预测效果不佳。

(2) 对输入数据的数据类型较为敏感。

2. 算法示例

朴素贝叶斯分为高斯分布、多项式分布和伯努利分布三类。

(1) 高斯分布适合样本特征分布大部分是连续值的情况。

(2) 多项式分布适合非负离散数值特征的分类情况。

(3) 伯努利分布适合二元离散值或者很稀疏的多元离散值的情况。

Sklearn 提供 GaussianNB 函数用于高斯分布，其语法格式如下：

GaussianNB(priors = True)

GaussianNB 类的主要参数仅有一个，即先验概率 priors。

【例 13-9】　用朴素贝叶斯的高斯分布识别鸢尾花示例。

本例的程序代码如下：

```
# GaussianNB 举例
from sklearn.model_selection import cross_val_score      # 交叉验证
from sklearn.naive_bayes import GaussianNB
from sklearn import datasets
iris = datasets.load_iris()
clf = GaussianNB()
```

```
clf = clf.fit(iris.data, iris.target)

y_pred = clf.predict(iris.data)

print("高斯朴素贝叶斯，样本总数: %d 错误样本数: %d\n" % (iris.data.shape[0],(iris.target !=
y_pred).sum()))

scores = cross_val_score(clf,iris.data,iris.target,cv=14)

print("Accuracy:%.3f\n"%scores.mean())
```

程序运行结果如下：

高斯朴素贝叶斯，样本总数: 150，错误样本数: 6

Accuracy:0.953

13.8　支 持 向 量 机

1. 算法原理

支持向量机(Support Vector Machine，SVM)的基本思想是在 N 维数据中找到 $N-1$ 维的超平面作为分类的决策边界。离超平面最近的实心圆和空心圆称为支持向量，超平面的距离之和称为间隔距离，间隔距离越大，分类的准确率越高。SVM 示意图如图 13.12 所示。

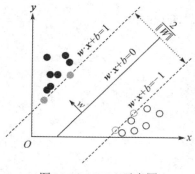

图 13.12　SVM 示意图

超平面线性方程如下所示：

$$w \cdot x + b = 0$$

其中：w 是超平面的法向量，定义了垂直于超平面的方向；b 用于平移超平面。

2. 算法示例

支持向量机分类的语法格式如下：

```
SVC(kernel)
```

其中：kernel 用于将非线性问题转化为线性问题。通过特征变换增加新的特征，使得低维度空间中的线性不可分问题变为高维度空间中的线性可分问题，从而进行升维变换。其取值有 RBF、Linear 和 Poly 核函数，默认 RBF 是径向基核(高斯)核函数，Linear 是线性核函数，Poly 是多项式核函数。

【例 13-10】 通过支持向量机对于鸢尾花的分类示例。

本例的程序代码如下：

```python
from sklearn import datasets
import sklearn.model_selection as ms
import sklearn.svm as svm
import matplotlib.pyplot as plt
from sklearn.metrics import classification_report


iris = datasets.load_iris()
x = iris.data[:,:2]
y = iris.target


# 数据集分为训练集和测试集
train_x, test_x, train_y, test_y = ms.train_test_split(x, y, test_size=0.25, random_state=5)
# 基于线性核函数
model = svm.SVC(kernel='linear')
model.fit(train_x, train_y)
# 基于多项式核函数，三阶多项式核函数
# model = svm.SVC(kernel='poly', degree=3)
# model.fit(train_x, train_y)
# 基于径向基(高斯)核函数
#model = svm.SVC(kernel='rbf', C=600)
#model.fit(train_x, train_y)
# 预测
pred_test_y = model.predict(test_x)
# 计算模型精度
bg = classification_report(test_y, pred_test_y)
print('基于线性核函数 的分类报告：', bg, sep='\n')
# print('基于多项式核函数 的分类报告：', bg, sep='\n')
# print('基于径向基(高斯)核函数 的分类报告：', bg, sep='\n')
# 绘制分类边界线
l, r = x[:, 0].min() - 1, x[:, 0].max() + 1
b, t = x[:, 1].min() - 1, x[:, 1].max() + 1
n = 500
grid_x, grid_y = np.meshgrid(np.linspace(l, r, n), np.linspace(b, t, n))
bg_x = np.column_stack((grid_x.ravel(), grid_y.ravel()))
bg_y = model.predict(bg_x)
```

```
grid_z = bg_y.reshape(grid_x.shape)
# 画图显示样本数据
plt.title('kernel=linear ', fontsize=16)
# plt.title('kernel=poly ', fontsize=16)
# plt.title('kernel=rbf', fontsize=16)

plt.xlabel('X', fontsize=14)
plt.ylabel('Y', fontsize=14)
plt.tick_params(labelsize=10)
plt.pcolormesh(grid_x, grid_y, grid_z, cmap='gray')
plt.scatter(test_x[:, 0], test_x[:, 1], s=80, c=test_y, cmap='jet', label='Samples')

plt.legend()
plt.show()
```

程序运行结果如下：

基于线性核函数的分类报告：

	precision	recall	f1-score	support
0	1.00	1.00	1.00	12
1	0.75	0.86	0.80	14
2	0.80	0.67	0.73	12
avg / total	0.84	0.84	0.84	38

程序运行结果如图 13.13 所示。

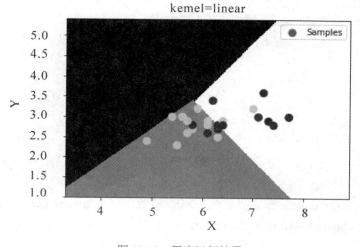

图 13.13 程序运行结果

13.9　K-means 聚类

1. 算法原理

K-means 聚类算法(k-means clustering algorithm)由 Stuart Lloyd 于 1957 年提出。该算法通过计算样本之间的距离把相似度高的样本聚成一簇。聚类分析属于无监督学习,用于没有任何先验知识的情况下预测数据类别。该算法具有简单、便于理解、运算速度快等特点,但是只能应用于连续型的数据,并且必须在聚类前指定类别数。

K-means 聚类算法的思路是:首先在样本数据集 D 中随机选定 k 个值作为初始聚类中心(又称为质心,是指簇中所有数据的均值),然后计算各个数据到质心的距离,将其归属到离它最近的质心所在的类,如此迭代,反复计算质心,直到相邻两次计算质心没有变化,聚类收敛。算法流程如图 13.14 所示。

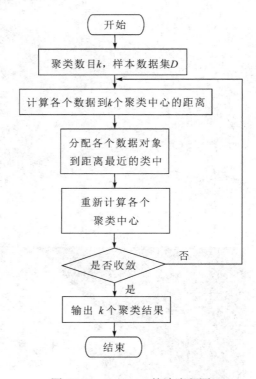

图 13.14　K-means 算法流程图

2. 算法示例

Sklearn 的 sklearn.cluster 模块提供 K-means 函数实现 K-means 算法。其语法格式如下:

  sklearn.cluster.Kmeans(n_clusters, random_state)

其中:

(1) n_clusters:生成的聚类数,即产生的质心数。

(2) random_state：随机数生成器的种子。

【例 13-11】　K-means 聚类鸢尾花示例。

本例的程序代码如下：

```
import pandas as pd
import matplotlib.pyplot as plt
from sklearn.datasets import load_iris
from sklearn.preprocessing import MinMaxScaler
from sklearn.cluster import Kmeans
from sklearn.manifold import TSNE
'''  构建 K-means 模型   '''
iris = load_iris()
iris_data = iris['data']                        # 提取数据集中的数据
iris_target = iris['target']                     # 提取数据集中的标签
iris_names = iris['feature_names']               # 提取特征名
scale = MinMaxScaler().fit(iris_data)            # 训练规则
iris_dataScale = scale.transform(iris_data)      # 应用规则
# 使用 Kmeans.fit(X)和使用 KNN.fit(X,y)不同，前者没有标签答案 y，两种算法差距很大
kmeans = Kmeans(n_clusters=3,random_state=123).fit(iris_dataScale)
print('构建的 K-means 模型为：\n',kmeans)
result = kmeans.predict([[1.5, 1.5, 1.5, 1.5]])
print('花瓣、花萼长度、宽度全为 1.5 的鸢尾花预测类别为：', result[0])


'''   聚类结果可视化    '''
tsne = TSNE(n_components = 2, init = 'random', random_state = 177).fit(iris_data)
                                                # 使用 TSNE 进行数据降维，降成两维
df = pd.DataFrame(tsne.embedding_)              # 将原始数据转换为 DataFrame
df['labels'] = kmeans.labels_                   # 将聚类结果存储进 df 数据表中
df1 = df[df['labels'] == 0]
df2 = df[df['labels'] == 1]
df3 = df[df['labels'] == 2]
# fig = plt.figure(figsize = (9, 6))            # 绘制图形  设定空白画布，并制订大小
plt.plot(df1[0], df1[1], 'bo', df2[0], df2[1], 'r*', df3[0], df3[1], 'gD')
plt.show()                                      # 显示图片
```

运行结果如图 13.15 所示。

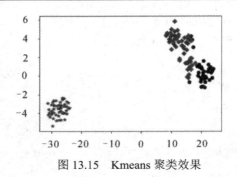

图 13.15　　Kmeans 聚类效果

13.10　DBSCAN 聚类

1. 算法原理

DBSCAN(Density-Based Spatial Clustering of Application with Noise)算法是一种典型的基于密度的聚类方法，该算法中簇是密度相连的点的最大集合，可在有噪音的空间数据集中发现任意形状的簇。

sklearn.cluster 模块提供 DBSCAN 函数实现 DBSCAN 算法，其语法格式如下：

　　　cluster.DBSCAN(eps = 0.5, min_samples = 5, metric = 'euclidean', metric_params = None, algorithm = 'auto', leaf_size = 30, p = None, n_jobs = 1)

其中：

(1) eps：设置密度聚类中的 e 领域，即半径，默认为 0.5。

(2) min_samples：设置 e 领域内最少的样本量，默认为 5。

(3) metric：指定计算点之间距离的方法，默认为欧氏距离。

(4) metric_params：指定 metric 所对应的其他参数值。

(5) algorithm：在计算点之间距离的过程中，指定搜寻最近邻样本点的算法。默认为'auto'，表示密度聚类会自动选择一个合适的搜寻方法；'ball_tree'表示使用球树搜寻最近邻；'kd_tree'表示使用 K-D 树搜寻最近邻；'brute'表示使用暴力法搜寻最近邻。

(6) leaf_size：当参数 algorithm 为'ball_tree'或'kd_tree'时，用于指定树的叶子节点中所包含的最多样本量，默认为 30。

(7) p：p = 1 表示闵可夫斯基距离；p = 2 表示曼哈顿距离；p = 3 表示欧氏距离。

(8) n_jobs：用于设置密度聚类算法并行计算所需的 CPU 数量，默认为 1。

2. 算法示例

【例 13-12】 DBSCAN 聚类算法示例。

本例的程序代码如下：

```
import pandas as pd
import numpy as np

from sklearn.datasets.samples_generator    import make_blobs
```

```
from sklearn.datasets.samples_generator    import make_moons
import matplotlib.pyplot as plt
import seaborn as sns


# 构造初始数据集
X1,y1 = make_moons(n_samples = 2000, noise = 0.05, random_state = 1234)
X2,y2 = make_blobs(n_samples =1000, centers =[[3, 3]], cluster_std = 0.5, random_state = 1234)

y2 = np.where( y2 == 0, 2, 0)
plot_data = pd.DataFrame(np.row_stack([np.column_stack((X1, y1)), np.column_stack((X2, y2))]),
columns = ['x1', 'x2', 'y'])
plt.style.use('ggplot')
sns.lmplot('x1', 'x2', data = plot_data, hue = 'y', markers = ['^', 'o', '>'], fit_reg = False, legend = False,
scatter_kws = {'color':'steelblue'})
plt.show()


from sklearn import cluster
# 构建 Kmeans 聚类
kmeans = cluster.KMeans(n_clusters = 3, random_state = 1234)
kmeans.fit(plot_data[['x1', 'x2']])
# 构建 DBSCAN 聚类
dbscan = cluster.DBSCAN(eps = 0.3, min_samples = 5)
dbscan.fit(plot_data[['x1', 'x2']])
# 将 Kmeans 聚类和密度聚类的簇标签添加到数据框中
plot_data['kmeans_label'] = kmeans.labels_
plot_data['dbscan_label'] = dbscan.labels_


# 设置大图框的长和高
plt.figure(figsize = (12, 6))
# 设置 Kmeans 聚类子图的布局
ax1 = plt.subplot2grid(shape = (1, 2), loc = (0, 0))
ax1.scatter(plot_data.x1, plot_data.x2, c = plot_data.kmeans_label)
# 设置 DBSCAN 聚类子图的布局
ax2 = plt.subplot2grid(shape = (1, 2), loc = (0, 1))
ax2.scatter(plot_data.x1, plot_data.x2, c = plot_data.dbscan_label.map({-1:2, 0:0, 1:3, 2:1}))
# 显示图形
plt.show()
```

运行结果如图 13.16 所示

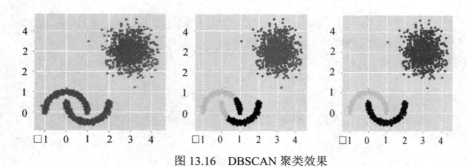

图 13.16　DBSCAN 聚类效果

课 后 习 题

1．Sklearn 的六大模块分别是什么？

2．如何使用 Sklearn 进行机器学习？

3．请显示波士顿房价数据集的特征数据。

4．采用 Sklearn 的相关模块对 x = [[1., -1., 2.], [2., 0., 0.]，[0., 1., -1.]]进行标准化处理，求数据的均值、方差以及标准化数据。

参 考 文 献

[1]　周元哲. Python3. x 程序设计基础[M]. 北京：清华大学出版社，2019.

[2]　周元哲. 数据结构与算法(Python 版) [M]. 北京：机械工业出版社，2020.

[3]　周元哲. 机器学习入门：基于 Sklearn[M]. 北京：清华大学出版社，2022.

[4]　周元哲. Python 自然语言处理[M]. 北京：清华大学出版社，2021.

[5]　段小手. 深入浅出 Python 机器学习[M]. 北京：清华大学出版社，2018.

[6]　吕云翔，马连韬，刘卓然，等. 机器学习基础[M]. 北京：清华大学出版社，2018.

[7]　白宁超，唐聃，文俊. Python 数据预处理技术与实践[M]. 北京：清华大学出版社，2019.

[8]　魏伟一，李晓红，高志玲. Python 数据分析与可视化[M]. 北京：清华大学出版社，2021.

[9]　刘顺祥. 从零开始学 Python 数据分析与挖掘[M]. 北京：清华大学出版社，2020.

[10]　曹洁，崔霄. Python 数据分析[M]. 北京：清华大学出版社，2020.

[11]　肖云鹏，卢星宇，许明，等. 机器学习经典算法实践[M]. 北京：清华大学出版社，2018.

[12]　张若愚. Python 科学计算[M]. 北京：清华大学出版社，2012.

[13]　黄红梅，张良均，张凌，等. Python 数据分析与应用[M]. 北京：人民邮电出版社，2018.

[14]　曾剑平，Python 爬虫大数据采集与挖掘[M]. 北京：清华大学出版社，2020.